中国发电企业安全生产风险预控管理体系指南

宋　羽　任世军　著

东南大学出版社
SOUTHEAST UNIVERSITY PRESS
·南京·

内 容 提 要

本指南对中国发电企业安全生产管理要求和方法进行全面整合，按照“辨识和评价风险—降低和控制风险—预防和消除事故”的管理路径构建安全生产风险预控管理体系。包括体系建设的基本思路、体系定位、体系架构、风险评价、风险控制与风险管理、风险预控保障机制和手段等内容，按照体系化思想和闭环管理（策划—执行—检查—改进）原则，系统分析了发电企业风险评价的时机、范围、形式、方法。

本指南为中国发电企业建立安全生产风险预控管理体系提供了一个安全管理体系规范，可以成为企业安全生产风险管控的工作导则。

图书在版编目(CIP)数据

中国发电企业安全生产风险预控管理体系指南 / 宋羽，任世军著. —南京 ：东南大学出版社，2019.5
ISBN 978-7-5641-8360-8

Ⅰ.①中… Ⅱ.①宋… ②任… Ⅲ.①发电厂—安全生产—生产管理—中国—指南 Ⅳ.①TM62-62

中国版本图书馆CIP数据核字(2019)第066501号

中国发电企业安全生产风险预控管理体系指南

著　者	宋　羽　任世军	**责任编辑**	刘　坚
电　话	(025)83793329　**QQ**:635353748	**电子邮箱**	liu-jian@seu.edu.cn
出版发行	东南大学出版社	**出 版 人**	江建中
地　址	南京市四牌楼2号	**邮　编**	210096
销售电话	(025)83794561/83794174/83794121/83795801/83792174 83795802/57711295(传真)		
网　址	http://www.seupress.com	**电子邮箱**	press@seupress.com
经　销	全国各地新华书店	**印　刷**	虎彩印艺股份有限公司
开　本	700mm×1000mm　1/16　**印　张**　10	**字　数**	240千字
版　次	2019年5月第1版		
印　次	2019年5月第1次印刷		
书　号	ISBN　978-7-5641-8360-8		
定　价	45.00元		

前　言

本指南参照《职业安全健康管理体系　要求》(GB/T 28001—2011)和《企业安全生产标准化基本规范》(AQ/T 9006—2010)，对中国发电企业安全生产管理要求和方法进行全面整合，按照“辨识和评价风险—降低和控制风险—预防和消除事故”的管理路径构建安全生产风险预控管理体系(以下简称体系)。

本指南包括体系建设的基本思路、体系定位、体系架构、风险评价、风险控制与风险管理、风险预控保障机制和手段等内容，按照体系化思想和闭环管理(策划—执行—检查—改进)原则，系统分析了发电企业风险评价的时机、范围、形式和方法，其作用是系统地辨识、评价企业安全生产过程中存在的或可能引发的风险，按照风险值将风险进行分级，确定风险应对策略的选择和优先顺序，选择最合适的风险应对策略，将风险的不利影响控制在可接受范围内；同时运用风险评价成果，根据风险等级，划分管理、人员、设备、环境四个管理单元，按管理要素对各类风险进行分类管控，提出管理规范和标准；明确体系建立、实施所需的组织保障、制度保障、工作任务分解、人员培训、意识和能力的保障以及绩效评价与持续改进的工作要求；同时借助信息化(安全生产管控一体化平台)的管理手段，设定标准化工作流程，实现安全生产风险预控管理和企业日常生产管理相融合，达到预防和控制生产安全事故发生的目的。

本指南为中国发电企业建立安全生产风险预控管理体系提供了一个安全管理体系规范，可以成为企业安全生产风险管控的工作导则。基层企业在管理体系的建设过程中，可对相关人员进行培训，完善相关技术标准、管理标准、工作标准，完善组织机构，落实责任，健全机制，建立安全生产管控一体化平台，推进发电体系的安全运行。

目　录

1 范 围

本指南旨在为中国发电企业建立安全生产风险预控管理体系提供一个安全管理体系规范，为企业安全生产风险管控提供工作导则。

本指南涉及下列规范性引用文件。凡是注明日期的引用文件，仅所注日期的版本适用于本研究。凡是不注明日期的引用文件，其最新版本(包括所有的修改版)适用于本研究。

GB/T 1.1—2009《标准化工作导则　第1部分：标准的结构和编写》

GB/T 23694—2013《风险管理　术语》

GB/T 27921—2011《风险管理　风险评估技术》

GB/T 24353—2009《风险管理　原则与实施指南》

GB/T 28001—2011《职业健康安全管理体系　要求》

AQ/T 9006—2010《企业安全生产标准化基本规范》

2 术语和定义

本指南涉及下列术语和定义。

2.1 危险源 Hazard

可能导致伤害或疾病、设备损坏、工作环境或自然环境破坏或其他财产损失以及这些情况组合的根源或者状态。

改写自 GB/T 28001—2011《职业健康安全管理体系 要求》。

注:危险源经常理解为能量物质或其载体,如物理的、化学的、生物的、生理的、心理的、人的行为等。危险源一般分为“人、机、环”三个方面,其中,“人”是指员工的各种活动中存在的风险;“机”是指构筑物、建筑物、设备、装置、工具、材料等存在的风险;“环”是指区域内的空气质量、噪声、振动、照度等环境因素中存在的风险。

2.2 风险 Risk

危险源产生的、导致某一或某些特定事件发生的可能性和后果的组合。

改写自 GB/T 28001—2011《职业健康安全管理体系 要求》。

注:一般被描述为失去控制的能源或者能量失控。风险的大小通常由事件发生的可能性与产生后果的严重度共同确定。在风险评价中,将风险等级划分为可承受风险和不可承受风险。

2.3 事件 Incident

导致或可能导致事故的事情。

改写自 GB/T 28001—2011《职业健康安全管理体系 要求》。

注:其结果未产生疾病、伤害、损坏或其他损失的事件称为“未遂事件”

(near-miss)。

2.4 可能性 Possibility

某种结果出现的机会,一般用概率表示。

2.5 后果 Consequence

对特定事件结果的描述。

改写自 GB/T 23694—2013《风险管理　术语》。

注: 安全管理中,按照受体来划分后果,如人受到的伤害或者疾病(一般用损失工作日或者受伤害部位的医疗鉴定结果来描述)、设备的损坏或生产系统中断(一般用经济价值来描述,如部件的价值或者设备残值)、环境的污染(用影响范围、作用时间和对其他物种伤害程度等来描述)以及其他(如未遂、企业形象损失、客户损失及销售影响等)。

2.6 风险准则 Risk Criteria

评价风险严重性的依据。

改写自 GB/T 23694—2013《风险管理　术语》。

注: 风险准则包括相关的成本及收益,法律法规要求,社会经济及因素,利益相关者的态度,优先次序和在评估过程中的其他要素。

2.7 危险源辨识 Hazard Identification

识别、列举和描述危险源及其性质、能级的过程。

改写自 GB/T 28001—2011《职业健康安全管理体系　要求》。

2.8 风险评估 Risk Assessment

危险源辨识、风险分析和风险评价的过程。

改写自 GB/T 23694—2013《风险管理　术语》。

2.9 风险分析 Risk Analysis

系统地研究和分析危险源失效模式、发生概率、可能性和影响等,并予以赋值的过程。

改写自 GB/T 23694—2013《风险管理　术语》。

注: 用于风险分析的信息来源,一般为以往事故的经验和当前的管理水平。

2.10　严重度 Severity

后果的性质及其影响。

注：后果的性质，按事故中的受体来界定，如人身事故、设备事故、环境事故、生产事故、交通事故、火灾事故等。影响，主要是指给受体带来改变的程度和波及范围。

2.11　风险评价 Risk Evaluation

确定风险是否可承受，并界定不可承受风险等级的过程。

改写自 GB/T 23694—2013《风险管理　术语》。

2.12　可承受风险 Acceptable Risk

根据组织法律义务和职业健康安全方针已降至组织可容许程度的风险。

改写自 GB/T 28001—2011《职业健康安全管理体系　要求》。

2.13　风险管理 Risk Management

指导和控制某一组织与风险相关问题的协调活动。

改写自 GB/T 23694—2013《风险管理　术语》。

注：风险管理通常包括风险评估、风险处理、风险承受和风险沟通。

2.14　风险控制 Risk Control

实施风险管理决策的行为。

改写自 GB/T 23694—2013《风险管理　术语》。

注：风险控制可能包括检测、再评价和执行决策。

2.15　风险处理 Risk Treatment

选择及实施风险应对措施的过程。

改写自 GB/T 23694—2013《风险管理　术语》。

注 1：术语"风险处理"有时指应对措施本身。

注 2：风险处理措施包括规避、优化、转移或保留风险。

2.16　剩余风险 Residual Risk

又称残余风险，是指风险处理后还存在的风险。

改写自 GB/T 23694—2013《风险管理　术语》。

3　安全生产风险预控管理体系简介

3.1　基本思路

在发电企业推行风险预控管理体系，可规范企业在生产经营活动中安全生产风险的源头管理、过程控制、应急处置、持续改进等工作，为实现企业安全发展提供有效的管理手段，使发电企业达到“落实安全责任，提高本质安全，实现安全风险可控、在控”。

风险预控管理体系是以风险辨识与管理为核心，以设备本质安全为依托，以作业活动过程管理为主线，以不安全行为控制为重点，以预控保障机制为支撑的管理体系。

3.2　体系定位

风险预控管理体系是运用系统安全工程原理，对发电企业各生产系统、各作业活动中存在的与人、机、环、管相关的不安全因素进行全面辨识、分析评价；对辨识评价后的各种不安全因素，有针对性地制定管控标准和措施，明确管控责任单位，进行严格的管理和控制；按照要素管理方法，对企业现有风险预控的规程、标准和制度进行系统梳理完善。企业在制定相关的标准和措施时必须结合企业实际，以风险控制为主线，以 PDCA（策划—执行—检查—改进）的闭环管理为原则，建立企业安全风险预控体系文件，涵盖管理、技术、工作三大标准，为体系建设提供技术支撑。要根据风险评价的结果，分类梳理、分级管控、分层落实，确定出各类、各级、各层的安全预控重点，明确相应的管理职责和实施主体，充分做到风险在控、可控，逐步降低现有风险等级；同时借助信息化（安全生产管控一体化平台)的管理手段,建立风险数据库,并持续地开展动态辨识、更新评价,使各类风险始终处于动态受控的状态。风险预控管理流程见附录A。

3.3 体系架构

3.3.1 风险辨识与评价

主要规定企业危险源辨识、风险评价方法、流程和职责、风险控制措施的制定和落实以及危险源监测、预警和消警等要求。其作用是系统辨识、评价企业安全生产过程中存在的或可能引发的风险,按照风险值将风险进行分级,并实施控制管理。

3.3.2 风险管理与控制

应用风险辨识与评价成果,根据风险等级,按照管理、人员、设备、环境四个管理单元对各类风险项目进行分类管控。以管控要素所设定的控制流程、规范要求,重点对人身伤亡、设备损坏、作业环境破坏、管理失效等风险实施控制。

3.3.3 风险预控保障机制

主要明确体系建立、实施所需的组织保障、制度保障、工作任务分解、人员的培训、意识和能力的保障以及绩效评价与持续改进的工作要求。

3.3.4 安全生产管控一体化平台

明确信息化管理平台的架构和管理模块的设定以及数据库的建立和应用,其作用是推进企业安全生产信息化管理水平的提升,实现安全生产风险预控管理和企业日常生产管理相融合,达到预防和控制生产安全事故发生的目的。

4 危险辨识和风险评价

4.1 辨识和评价的组织策划

4.1.1 辨识的时机

企业在以下情况下应组织开展危险源辨识和风险评价工作：

(1) 在风险预控体系初次建立时，进行全厂风险评价；

(2) 在发生下列情形时，需要补充风险评价：

① 企业规划新改扩项目和新设备、新技术应用，在立项前进行可行性研究时，应评价项目的风险；

② 企业组织机构和生产工艺、流程发生重大改变时；

③ 行业内发生重大风险预控事故后；

④ 集团或政府监管部门开展专项安全检查前。

4.1.2 辨识的范围

企业危险源辨识和风险评价应覆盖所管辖的全部地理区域和行政辖区，包括：

(1) 企业所辖范围内的地面、厂房等区域和行政区域，如储灰厂、供热输送管线等；

(2) 上述场所内所有人员的活动，包括企业员工和承包商人员活动以及其他任何目的的来访者的活动；

(3) 上述区域内的所有基础设施、设备、装置、工作、材料和废弃物所具有的风险；

(4) 上述场所内自然环境条件和工作环境条件的风险。

4.1.3 风险的时态及状态

企业应识别和评价三种时态和三种状态下的风险。

(1) 三种时态

过去:以前发生的事故和使用过的设备材料等的持续影响;

现在:来自当前“人、机、环”三方面危险源所造成的影响;

将来:有计划但尚未实施的活动和项目将要造成的影响。

(2) 三种状态

正常:符合正常运行或者控制标准的条件;

异常:偏离正常运行或者控制标准,还没有达到事故临界值的条件;

紧急:超过事故临界值,或者在事故状态下和未解除事故状态。

4.1.4 危险能力的载体

(1) 物理能量,包括动能、势能、电能、热能。其载体包括建筑物、机械和电气设备、装置、工器具、压力和热力系统以及固、液、气三种形态的材料或者物质等。

(2) 化学能量,包括易燃易爆物质,有害物质,有毒物质,刺激性物质,腐蚀性物质,致癌、致突变和致畸形物质,造成缺氧物质,麻醉物质,氧化剂等,其载体一般包括化学品容器和放射性装置等。

(3) 生物能量,包括来自自然界的病毒、细菌、昆虫、动物等。

(4) 生理、心理能量,来自存在差异的性别、体质、体态和心理素质的人。

(5) 行为能量,来自人的行为。

识别时应采取不同的方式。识别危险源时,不论是设备设施、环境还是人员的活动或行为,均应考虑。

4.1.5 危险产生的后果

从危害的后果上来看,主要包括对设备设施的影响、对环境的影响、对人身安全健康的影响,识别时应予以表述。

——对设备设施的影响,主要考虑危险源(故障点)对设备(设施)及其所属系统产生的影响;

——对环境的影响,主要考虑对周边工作环境的影响(如造成周边温度、噪声、振动、粉尘、毒物等物理及化学因素的影响),对周边环境质量的影响(包括向周围环境排放气体从而影响大气环境、向水体排放污水、向土壤排放危险废弃物)；

——对人身安全健康的影响，主要考虑危险源对在相关区域内进行工作的人员造成的人身安全和人身健康的影响。

4.2　危险源辨识的方法

按区域(作业环境)、系统(设备)和作业活动(人员)划分辨识单元，根据能量意外释放理论，把危险源分两大类：第一大类是在生产过程中存在的，具备能量释放的(能源或能量载体)或危险物质；第二大类是导致能量或危险物质约束或限制措施破坏或失效的各种因素。第二类危险源主要包括设备的故障、人的失误、环境破坏和管理缺陷四个方面。企业宜采用最简单实用的主观评价方法，应用安全检查表(SCL)来辨识企业生产经营活动全过程所面临的危险源。

注：一起伤亡事故的发生往往是两类危险源共同作用的结果。第一类危险源是伤亡事故发生的能量主体，决定事故后果的严重程度；第二类危险源是第一类危险源造成事故的必要条件，决定事故发生的可能性。两类危险源相互关联、相互依存。第一类危险源的存在是第二类危险源出现的前提，第二类危险源的出现是第一类危险源导致事故的必要条件。因此，危险源辨识的首要任务是辨识第一类危险源，在此基础上再辨识第二类危险源。

4.3　风险评价的形式

风险评价包括基准风险评价、基于问题的风险评价、持续风险评价三个类型。

基准风险评价是现有控制措施实施后进行的风险评价；

基于问题的风险评价是由于条件发生变化，现有控制措施实施后不能保证风险值降至可承受范围(即残余风险值高于安全范围)，该风险变成了基于问题的风险，对该风险的评价即成为基于问题的风险评价，需要采取进一步的风险控制措施。

持续风险评价是一个不断实施的过程，是针对基于问题的风险评价进行的，如果采取了进一步的控制措施后，经实践证明该风险已经降到可接受水平，则需要整理控制措施和相关制度，将该问题风险转变为基准风险，如果措施无效，该基于问题的风险继续存在保留，修订控制措施直至风险降到可接受水平为止。

4.3.1 基准风险评价

企业可成立风险评价小组，对企业范围内危险源进行调查、分析和评价，确定重点危险源和重点危险区域，并对重点危险源和重点区域进行风险排序，形成企业风险概况（参见附录G）。风险概况应包含：

（1）企业设备系统风险排序；

（2）企业环境风险排序；

（3）企业作业活动风险排序；

（4）企业承包商风险排序；

（5）企业紧急情况风险排序。

4.3.2 基于问题的风险评价

在基准风险评价后，由于条件发生变化，现有控制措施不能保证风险值在可承受范围（即残余风险值高于安全范围）时，风险评价小组要组织相关专业人员再次评价，制定针对性的现场处置方案或完善相应的风险控制措施。

当出现下列情况时，需进行基于问题的风险评价：

（1）事故、意外或“危险事件”；

（2）新的（或更改）设计、规划、设备或工艺等；

（3）在持续风险评价过程中明显暴露的问题；

（4）员工、管理者或受影响的投资方的要求；

（5）基准风险发生变化；

（6）员工获得风险级别方面的新知识和新信息；

（7）对可接受的风险理解的变化。

4.3.3 持续风险评价

企业各风险评价组针对基于问题的风险评价或企业危险源辨识和风险评价不充分，组织专家开展持续危险源辨识和风险评价工作。持续风险评价应覆盖以下活动：

（1）在新建、改建和扩建项目设计、施工和投入使用前；

（2）新技术、新工艺、新设备使用前；

（3）高危任务执行前；

（4）新任务和不常执行的任务执行前；

(5) 新人员首次独立执行任务前;

(6) 基于问题的风险没有消除;

(7) 计划性检修前;

(8) 体系审核之前;

(9) 执行应急救援任务前。

4.4 风险评价的方法

在危险源辨识全面和准确的基础上,应用半定量风险评价法(RFC),即风险值(R)=可能性(F)×严重度(C),进行风险量化评价。可能性判别标准见表1,严重度判别标准见表2,风险值取值标准见表3。

表1 可能性(F)

可能性等级	说明	单个项目具体发生情况	总体发生情况
A	频繁	频繁发生	连续发生
B	很可能	在寿命期发生若干次	频繁发生
C	有时	在寿命期有时会发生	发生若干次
D	极少	在寿命期不易发生,但有可能发生	不易发生,但有理由可预期发生
E	不可能	极不易发生,以至于可以认为不会发生	极不易发生

表2 严重度(C)

严重性等级	等级说明	事故后果说明
Ⅰ	灾难的	人员死亡或系统(主设备)报废
Ⅱ	严重的	人员严重受伤、严重职业病或系统严重损失
Ⅲ	轻度的	人员轻度受伤、轻度职业病或系统轻度损坏
Ⅳ	轻微的	人员伤害程度和系统损坏程度都轻于Ⅲ级

表 3　风险值(R)

	Ⅰ(灾难的)	Ⅱ(严重的)	Ⅲ(轻度的)	Ⅳ(轻微的)
A(频繁)	1	2	7	13
B(很可能)	2	5	9	16
C(有时)	4	6	11	18
D(极少)	8	10	14	19
E(不可能)	12	15	17	20

4.4.1　可接受风险

指数为 18～20,危险源点处于可接受状态即安全状态,指经专业评价小组评价,不存在基础风险,不需编制风险预控措施,不需编制处置方案,不需对实施处置方案后的剩余风险进行评价,控制级别为岗位(作业人员)级的。

4.4.2　一般风险

指数为 10～17 为有条件接受的风险,指经部门评价存在基础风险,需编制风险预控措施。风险预控措施实施后,该危险源点风险可以接受,只要保证现有的控制措施有效实施,该危险源点处于安全状态,不需编制处置方案,不需对实施处置方案后的剩余风险进行评价,控制级别为班组级(专业级)的故障源点。

4.4.3　较大风险

指数为 6～9 为不愿意承担的风险,其风险等级为较大风险、存在问题风险,编制并实施风险预控措施后,经部门评价小组评价,该危险源点风险仍然不可以接受,需要进一步编制(临时)处置方案,对实施处置方案后的剩余风险由专业评价小组进行评价,经实施,该危险源点剩余风险可以接受,只要保证临时的处置措施有效实施,该危险源点处于安全状态,控制级别为部门级。

4.4.4　重大风险

指数为 1～5 为不能承受的风险,其风险等级为重大风险,是企业不能承受的,经专业评价该设备故障风险点的剩余风险依然为一般风险以上(即剩余风险值高于问题风险值),必须立即停止,采取应急措施,按照预案(含处置方案)做好事故发生的各项应急准备，应持续观察，控制级别为公司级。

按照以上方法，围绕企业安全生产存在风险的可能性和后果两方面来确定风险和风险等级，进行分级控制。主要包括三类：

(1) 以主要系统和关键设备为主线的设备故障风险评价；

(2) 以厂区平面布置划分的区域安全设施为主线进行作业环境风险评价；

(3) 以作业活动为主线的不安全行为风险评价。

注 1：设备故障风险评价：为防止生产设备设施性能失效，导致生产安全事故(事件)，基于生产系统和设备，辨识、分析设备可能存在的故障模式、原因及表象，分析对设备、系统造成的影响，制定和完善控制措施，明确日常维护、定期检修以及故障处理的方法。

注 2：生产区域风险评价：为防止能量意外释放而导致人身伤害和财产损失事故(事件)，基于生产区域和生产系统，辨识、分析存在的危险能量及载体(物质)、生产系统的不安全状态、环境不安全条件等，评价导致事故的可能性及其严重程度，制定管理标准、控制措施以及临时处置措施或应急预案。

注 3：作业活动风险评价：为防止生产作业中发生人身伤害和财产损失事故(事件)，基于工作任务，在区域风险评价的基础上，辨识工作中存在的危险能量或物质、人员的不安全行为以及心理生理危害因素，评价导致事故的可能性及其严重程度，制定相应的作业标准以及各级人员管控要求。

4.5 风险评价的实施

4.5.1 设备的风险评价

4.5.1.1 设备故障风险分类

第一类是系统固有的，由于设计、制造缺陷或功能失效造成的风险；第二类是由于维修、使用不当，或磨损、腐蚀、老化等原因造成的风险。

注：设备故障是指机械设备、装置、元部件等由于性能低下而不能实现预定的功能的现象。从安全功能的角度来看，设备的不安全状态也是设备的故障。

4.5.1.2 设备故障风险评价策划实施

(1) 成立设备故障风险辨识和评价小组，并进行相关培训。设备故障风险辨识和评价小组应由生产技术管理部门负责组织，相关专业技术人员以及检修维护人员参加。

(2) 收集与设备故障风险辨识和评价相关的信息资料,包括:国家标准、行业标准、设计规范、档案、台账、技术资料、厂家说明书以及相关事故案例、统计分析资料等。

(3) 建立系统、设备清单。

(4) 按照设备故障风险类别对每个设备存在的故障形式及其产生的原因、故障后果影响等进行辨识与分析。

(5) 采用 RFC 风险评价法确定设备故障风险等级。故障模式风险等级分为重大、较大、一般、可接受四个等级。

(6) 根据故障原因及后果制定风险控制措施。风险控制措施包括技术措施和管理措施,处置方案包括临时处置方案和应急预案,持续风险评价结论包括紧急措施和强制措施。对于由于设计、制造等原因产生的故障模式,通过维护和检修等手段无法有效控制的,根据风险等级制定相应的技术改造计划。

4.5.1.3 设备故障风险管理控制表

表 4 设备故障风险管理控制表

序号	系统	所属设备	故障源点	故障模式	故障原因	可能导致的后果	故障风险类别	风险评价			风险等级	基准风险预控措施	问题风险处置方案	事故风险应急响应	专业评价小组	控制级别
								可能性	严重度	风险值						

表格中各项目填写说明:

(1) 系统:按照燃料入厂到电能输出的发电生产全过程,将发电厂主机与辅机及其相连的管道、线路等划分为若干系统,如制粉系统、烟风系统、除灰系统等。

(2) 所属设备:系统中包含的具体设备名称、编号,多台相同设备应分别填写(注:此处专指主设备/主辅设备,指在系统中具有独立功能的设备设施)。

(3) 故障源点:导致设备功能失效的小设备及其功能性的部件(此处专指能导致所属设备失效的故障源点,如重要的阀门、压力温度控制点等)。

(4) 故障模式:设备所发生的、能被观察或测量到的故障形式和特征。可参照以下几种故障模式分析评价(不限于此):

——损坏型故障模式，如断裂、碎裂、开裂、点蚀、烧蚀、短路、击穿、变形、弯曲、拉伤、龟裂、压痕等。

——退化型故障模式，如老化、劣化、变质、剥落、异常磨损、疲劳等。

——松脱型故障模式，如松动、脱落等。

——失调型故障模式，如压力过高或过低、温度过高或过低、行程失调、间隙过大或过小等。

——堵塞与渗漏型故障模式，如堵塞、气阻、漏水、漏气、渗油、漏电等。

——性能衰退或功能失效型故障模式，如功能失效、性能衰退、异响、过热等。

(5) 故障原因：分析故障产生的原因。可从以下五个方面进行原因分析：环境的不安全条件；防护措施不完善；参数监测不到位；设施承载能力不足；控制能力不够。具体说明参考如下：

——环境的不安全条件：设备安全运行环境条件不满足，不符合规程和规范要求，如温度、湿度、粉尘、自然环境、基础、建筑架构等。

——防护设施不完善：设备和系统在设计、制造、安装过程中安全防护设备、设施不完善，不符合规程、规范要求，如防雷、防静电、接地网、安全门、监测装置、防护装置等。

——参数监测不到位：设备和系统安全运行参数监测装置监测失灵、功能失效而导致故障。如起重设施、压力容器、报警保护装置、压力仪、温度仪、流量仪、浓度仪、变送器、传感器、防雷接地装置等未按规程、规范要求进行定期试验、校验、维护和配置不合理等。

——承载能力不足：因设备和系统设计、制造、安装和检修维护质量问题和操作问题导致设备和系统寿命周期缩短(包括超寿命周期)而引起承载能力不足或性能低下、功能失效。如设计缺陷、制造缺陷、安装缺陷、绝缘老化、材料错用、密封老化、过度老损、渗漏腐蚀、超温超压、防爆等级不够、装配失衡、调整不当、违规操作、未定期试验和切换等。

——控制能力不够：对设备和系统传输的能量和介质控制能力不够或管理不到位而引发的设备、系统故障。如防护隔离、保护闭锁、安全警示、冗余配置、自然灾害、应急处置、技术措施不符合要求、管理措施未制定或未执行、规章制度不健全或未执行。

（6）可能导致的后果：故障可能导致的后果包括人身安全后果、设备设施安全后果、环境安全后果三大类。在分析具体的类型时，应从以下的后果类型中予以考虑：

——设备损坏；

——系统失去备用；

——机组被迫降出力运行；

——机组停运；

——全厂对外停送电；

——物体打击；

——车辆伤害；

——机械伤害；

——起重伤害；

——触电；

——淹溺；

——灼烫；

——火灾；

——高处坠落；

——坍塌；

——锅炉爆炸；

——容器爆炸；

——其他爆炸；

——中毒窒息；

——其他伤害（指除以上类别外，可能造成的其他职业健康伤害，特指可能造成《职业病危害因素分类目录》中包括的各种职业病伤害类型。）；

——其他破坏（指除以上类别外，可能造成的其他环境破坏，特指因污染周边地区的空气、水体、土壤以及向周边排放噪声，会被周边居民投诉的环境破坏。）。

（7）故障风险类别：按发生状态和危险性，设备故障可分为：

——渐发性故障，是由于设备初始参数逐渐劣化而产生的，大部分机器的故障都属于这类故障。这类故障与材料的磨损、腐蚀、疲劳及蠕变过程有密切的关系。

——突发性故障，是各种不利因素以及偶然的外界影响共同作用而产生的，这种作用超出了设备所能承受的限度。例如：因机器使用不当或出现超负荷而引起的零件折断；因设备各项参数超过极值而引起的零件变形或断裂，事先无任何征兆。

——危险性故障，例如，安全防护系统在需要动作时因故障丧失保护作用，造成人身伤害和设备故障；制动系统失灵造成的故障。

——安全性故障，例如，安全防护系统在不需要动作时发生动作；造成设备不能启动的故障。

注：突发故障多发生在设备初始试用阶段，往往是由于设计、制造、装配以及材料缺陷，或者操作失误、违章作用而造成的。

(8) 风险评价：是指评价风险程度并确定其是否在可承受范围内的全过程，风险值(R)＝故障频率(可能性)(F)×严重度(C)。

(9) 风险等级：分为重大、较大、一般、可接受四级，可结合本厂实际情况，参照表1、表2、表3确定风险等级。

(10) 基准风险的预控措施：

故障源点可能导致的后果为“轻度的”及以上，所要编制的降低风险的控制措施，主要是把执行的管理制度、规程规范要求以及现有措施进行归纳，形成有针对性和可操作性的预控措施，包括技术和管理措施。它属于基础风险控制类别。

(11) 问题风险的处置方案：

故障源点可能导致的后果为“严重的”及以上，存在问题风险，现行风险预控措施已不能满足要求，需经部门评价小组评价，进一步编制(临时)处置方案，该设备故障源点为问题风险，需要提醒相关工作人员高度注意。

(12) 事故风险应急响应：

故障源点可能导致的后果为“灾难的”及以上，存在问题风险，编制(临时)处置方案后，经专业评价小组进行评价，该设备故障源点风险仍然不可以接受，必须采取紧急措施和强制措施，按照应急预案（含处置方案）做好事故发生的各项应急准备，应持续观察，控制级别为公司级。需要提醒公司范围内工作人员高度注意。

（13）专业评价小组：专指对风险进行辨识、评价，并出示风险评价结论和提出风险控制措施和应急处置措施的专业人员，可能涉及多部门专家。

（14）控制级别：根据风险等级确定风险控制级别，具体分为重大风险厂级控制、较大风险部门级控制、一般风险班组级控制、可接受风险作业人员控制。

4.5.1.4 设备故障风险评价成果应用

设备故障风险评价后制定的措施应体现在企业的下列标准、工作计划、动态工作报表中：

（1）点检、维护标准；

（2）故障诊断和分析记录；

（3）设备缺陷管理标准；

（4）运行管理标准；

（5）检修标准；

（6）反事故措施；

（7）技改计划、反措计划、隐患排查计划；

（8）应急管理标准和应急方案。

4.5.2 生产区域风险评价

4.5.2.1 生产区域风险评价策划实施

（1）成立生产区域风险评价小组，并进行相关培训。生产区域风险评价小组应由安全监察部门负责组织，安全管理人员、专业技术人员以及其他相关人员参加。

（2）收集与生产区域风险评价相关的法律法规、国家标准、行业标准、设计规范、安全规程、厂区平面布置图、相关监测数据以及相关事故案例、统计分析资料。

（3）根据厂区平面布置图将厂区分成若干评价区域，列出区域内主要系统、设备，建立生产区域清单。

（4）针对生产区域内运行的主要设备、系统，一是辨识可能发生意外释放的危险能量(能量载体)或物质,二是辨识分析可能造成能量意外释放的系统功能的缺失和不安全环境条件以及可能造成的后果。

(5) 采用"RFC"法评价危害后果发生的可能性、频率和结果的严重度,计算风险值,确定生产区域的风险等级。生产区域风险分为高(重大)、中(较大)、低(一般)三个等级。

(6) 根据区域位置及危险因素制定风险控制措施。预控措施包括技术措施和管理措施,处置措施包括临时处置方案和应急预案,持续风险评价结论包括紧急措施和强制措施。对于由于设计、制造等原因产生的故障模式,通过维护和检修等手段无法有效控制的,根据风险等级制定相应的技术改造计划。

4.5.2.2 生产区域风险管理控制表

表5 生产区域风险管理控制表

序号	区域名称	区域位置	危险因素	危害后果	危害后果类型	风险评价			风险等级	基准风险预控措施	问题风险处置方案	事故风险应急响应	专业评价	风险级别
						可能性	严重度	风险值						

表格中各项目填写说明:

(1) 区域名称:指企业按平面布置图明确的区域名称,或企业内约定俗成的区域名称,最好现场挂牌。如输煤栈桥、锅炉房、汽机房、氢站、氨区等。

(2) 区域位置:指具体的危险因素在区域中的具体位置。如氨站中包括:接卸区、储罐区、蒸发区等。

(3) 危险因素可从以下五个方面进行危险因素描述:环境的不安全条件;防护设施不完善;参数监测不到位;设施承载能力不足;控制能力不够。具体说明如下:

① 环境的不安全条件:区域工作环境存在职业有害因素,不符合规程和规范要求,或针对生产现场的环境不安全条件,生产系统应具备的环境调节功能失效(物理因素、化学因素)。如:照明、温度、噪声、辐射、湿度、振动、粉尘、化学有害因素、放射性物质、自然环境、地面、基础、建筑架构等。

② 防护设施不完善:区域安全防护设施存在缺陷或安全隐患,不符合安全设施配置标准和规范要求。如构筑物(楼梯、平台、栏杆、盖板等)、安全标志、消

防设施、通风装置、除尘装置、防震降噪设施、五防闭锁装置、警戒(示)线、个体防护等。

③ 参数监测不到位:为防止作业人员受到有毒、有害物质侵蚀或容易造成职业危害,应设置的监测装置不全、监测失灵、功能失效或未按期监测。如烟雾报警保护装置失灵、未进行气体浓度监测、噪声监测、粉尘监测等,或未按规程、规范要求对监测设备进行定期试验、校验、维护和配置不合理等。

④ 承载能力不足:因安全设施和起重设施设计、制造、安装和检修维护质量问题和操作问题导致安全设施和起重设施寿命周期缩短(包括超寿命周期)而引起承载能力不足或性能低下、功能失效。如设计缺陷、制造缺陷、安装缺陷、绝缘老化、材料错用、过度劳损、超载荷、防爆等级不够、安全附件损坏、调整不当、违规操作、未定期试验和切换等。

⑤ 控制能力不够:对区域所储存介质及能量约束、控制能力不够或管理不到位而引发的环境破坏。如防护隔离、保护闭锁、安全警示、冗余配置、自然灾害、应急处置、技术措施不符合要求、管理措施未制定或未执行、规章制度不健全或未执行。

(4) 危害后果:可能造成的危害后果,分为安全、健康、环保三类。

(5) 危害类型:可参照《企业职工伤亡事故分类》(GB 6441—86)、《职业病危害因素分类目录》(卫法监发〔2002〕63 号)、《环境污染类别代码》(GB/T 16705—1996)等标准填写。在分析具体的类型时,应从以下的后果类型中予以考虑:

——物体打击;

——车辆伤害;

——机械伤害;

——起重伤害;

——触电;

——淹溺;

——灼烫;

——火灾;

——高处坠落;

——坍塌;

——锅炉爆炸；

——容器爆炸；

——其他爆炸；

——中毒窒息；

——其他伤害(指除以上类别外，可能造成的其他职业健康伤害，特指可能造成《职业病危害因素分类目录》中包括的各种职业病伤害类型)；

——其他破坏(指除以上类别外，可能造成的其他环境破坏，特指因污染周边地区的空气、水体、土壤以及向周边排放噪声，会被周边居民投诉的环境破坏)。

(6) 风险评价：是指评价风险程度并确定其是否在可承受范围的全过程。风险值(R)=可能性(F)×严重度(C)，计算风险值，确定风险等级。

(7) 风险级别：分为高(重大)、中(较大)、低(一般)三个等级。

4.5.2.3 生产区域风险评价结果的应用

根据生产区域风险辨识和评价的结果制定的管理标准和措施应体现在企业下列相关标准和工作计划中：

(1) 安全设施配置标准；

(2) 劳动保护用品配置标准；

(3) 环境管理标准；

(4) 职业健康管理标准；

(5) 区域管理标准；

(6) 技改、反措、安措计划；

(7) 应急预案；

(8) 点检、检查标准；

(9) 巡回检查标准；

(10) 检修、维护标准；

(11) 治安保卫管理标准；

(12) 防灾减灾管理标准。

4.5.3 作业活动风险评价与策划

4.5.3.1 作业活动风险评价、策划与实施

(1) 成立工作任务风险评价小组，并进行相关培训。运行工作任务风险评价小组应由生产运行管理部门负责组织，相关专业技术人员以及运行人员参加；检修维护工作任务风险评价小组应由生产技术管理部门负责组织，相关专业技术人员以及检修维护人员参加。

(2) 收集与工作任务风险评价相关的信息资料，包括法律法规、国家标准、行业标准、设计规范、安全规程、作业标准、安全技术措施以及相关事故案例、统计分析资料等。

(3) 建立全厂工作任务清单。

(4) 针对工作任务的每道工序，辨识可能意外释放的危险能量(能量载体)或物质，在此基础上，辨识分析可能造成能量意外释放的人员不安全行为、心理生理因素。

(5) 采用“RFC”法评价危害后果发生的可能性、频率和结果的严重度，计算风险值，确定工作任务的风险等级。工作任务风险分为高(重大)、中(较大)、低(一般)三个等级。

(6) 根据辨识出的危险源及危害因素制定相应的作业标准。

(7) 制定各级人员监督落实作业标准的职责分工。

4.5.3.2 作业活动风险管理控制表

表6 作业活动风险管理控制表

序号	作业活动	工作区域及风险值		系统设备及风险值		危险源(能量及载体)	任务节点	危害因素	危害后果	风险评价				控制级别	作业标准
		区域	风险值	系统	风险值					可能性	严重度	风险值	风险等级		

表格中各项目填写说明：

(1) 工作任务：包括操作、点检、维护、检修、检验、试验、取样、化验、工程施工等工作。

(2) 任务节点:每项工作任务要按照工艺流程和操作流程划分工序节点。

(3) 系统:完成工作任务时所涉及的相关生产系统,要与设备故障风险评价中有关系统的划分标准保持一致。

(4) 区域:完成工作任务时所涉及的相关生产区域,要与生产区域风险评价中有关区域的划分标准保持一致。

(5) 风险值:执行工作任务所在区域和系统设备已辨识评价出的风险值,作为任务风险等级确定的参考因素。

(6) 危险源:工作任务涉及的危险能量(能量载体)或物质,要参考相应生产区域风险评价辨识出的危险源。如 220 kV 交流电、工作的起重机、电钻、台钻、冲击钻、电锤、绕线器、电动扳手等。

(7) 危害因素:可能造成能量意外释放的人员不安全行为以及心理、生理因素,可参照以下几个方面分析(不限于此):

——操作不当或不到位,如接地刀闸拉不到位、误将运行的设备停电等。

——危险的行为和位置,如单手抡大锤、手提电动工具的导线或转动部分、在起吊重物下逗留和行走等。

——不正确的动作姿势,如站立式工作时间长等。

——缺乏协调配合,如搬运无统一协调、作业无人监护等。

——违章改变现场条件,如现场工器具、设备备品备件未定置摆放,随意摆放物品或超载,大型物件放置不牢固等。

——使用不当或不合格的工器具,如锤头与木柄的连接不牢固、锤头破损、木柄未使用整根硬质木料,电钻、台钻、冲击钻、电锤、绕线器、电动扳手等电源线、电源插头破损等。

——不正确的装束或缺少个体防护,如不戴安全帽、未佩戴使用合格的安全带、进入发电机内部不穿连体服、在金属容器或潮湿的地方焊接作业未穿绝缘鞋等。

——负荷过大,疲劳作业,如工作人员不足、连续重体力劳动等。

——心理、身体异常,如人员有高空禁忌证、带病工作、情绪不稳定等。

(8) 危害后果:可能造成的危害后果,可参照《企业职工伤亡事故分类》(GB 6441—86)、《职业病危害因素分类目录》(卫法监发〔2002〕63 号)等标准填写。

(9) 风险评价:是指评价风险程度并确定其是否在可承受范围内的全过程。风险值(R)=故障频率(可能性)(F)×严重度(C),计算风险值,确定风险等级,根据风险级别编制风险预控票,在作业过程中按照工作节点进行风险控制。具体风险评价方法见附录 B、附录 C、附录 D。

(10) 控制级别:按照风险等级确定控制或监管等级,高风险由厂级控制或监管,中度风险由部门级控制或监管,低风险由工作负责人控制或监管。

(11) 作业标准:根据辨识出的危险源及危害因素,参照相关法律法规、国家标准、行业标准、设计规范、安全规程、安全技术措施等制定相应的安全作业标准,在作业风险预控票中予以落实。

(12) 各级监管:为有效落实作业标准,明确各级管理人员的监管职责,制定发电企业安全生产责任制、到岗到位标准、相关管理制度。

4.5.3.3 作业活动风险评价成果应用

根据工作任务风险评价的结果制定的管理标准和措施应体现在企业下列标准、制度中:

(1) 作业指导文件;

(2) 工作票、操作票;

(3) 风险预控票或安全工作程序(示例见附录 E);

(4) 岗位风险辨识;

(5) 作业许可制度;

(6) 到岗到位制度。

5 风险管理与控制

风险管理与控制措施包括综合管理、人员管理、设备管理、环境管理 4 个单元共 54 个要素的内容要求。

(1) 综合管理单元:方针目标、组织机构和职责、安全生产责任制、法律法规与制度、安全生产投入、安全教育培训、安全监督、安全日常工作、相关方和临时用工、隐患排查和治理、危险源辨识与风险评价、重大危险源、应急管理、防灾减灾、信息报送及事故调查处理、绩效评价与持续改进共计 16 个管理元素。

(2) 人员管理单元:岗位管理、岗位培训、人员资质、值班、“两票”、职业防护、反违章共计 7 个管理元素。

(3) 设备管理单元:基础管理、运行与监视、巡回检查、定期切换(试验)、点检管理、缺陷管理、测量控制与保护、设备检修、特种设备、危化品、工器具与劳动防护用品、可靠性、备品配件、技术监督、技术改造、科技创新、实验室共计 17 个管理元素。

(4) 环境管理单元:建(构)筑物、大坝、安全设施、工业卫生、照明、标识标牌、电源箱及临时用电、有限空间作业、现场准入、文明生产、职业健康、治安保卫、消防、交通安全共计 14 个管理元素。

详细情况见附录 H。

6 风险预控保障机制

企业要按照体系建设、PDCA闭环管理的原则，结合本单位实际情况，建立起符合本单位生产实际的、科学的、规范的风险预控流程；从构建目标责任机制、运行推进机制、考核激励机制、持续改进机制等方面下工夫，将安全风险预控体系建立和日常管理有机结合，实现预控管理的常态化、制度化、体系化。

6.1 组织保障

安全生产风险预控管理体系范围覆盖了企业安全生产管理全过程。企业应建立科学合理的组织架构，明确职责分工。原则上，企业安全生产委员会（以下简称安委会）是企业建立安全生产风险预控管理体系的最高决策机构，负责安全生产风险预控管理体系建设的策划、实施、纠偏与持续改进和重大问题的协调处置，确保资源的投入。最高管理者根据企业管理的组织形式，明确管理者代表，负责组织安全生产风险预控管理体系建设的具体实施，安委会办公室可作为体系管理职能部门，负责组织落实和检查考核。

6.2 制度保障

围绕体系建设、运行、审核、纠偏、评审等管理要求，形成安全生产风险预控体系文件。一般包括四个文件：

（1）《安全生产风险预控体系运行管理办法》；

（2）《危险源辨识和风险评价导则》；

（3）《安全生产风险管控标准和要求》；

（4）《安全生产风险预控体系绩效评价标准》。

6.3 任务分解

按照体系定位和风险辨识、评价、控制策划分类，对安全生产风险预控管理体系建立的策划、实施、纠偏与持续改进工作任务进行分解，明确组织分工、工作标准和职责，按项目组织管理形式策划实施。

6.3.1 设备风险控制

6.3.1.1 项目组织

由生产技术管理部门负责组织，相关专业技术人员以及检修维护人员参加。

6.3.1.2 工作任务

(1) 合理划分生产区域和系统，整理汇集系统设备清单；

(2) 设备风险辨识、评价、控制策划信息的策划、编制和更新；

(3) 按照风险分级控制原则，设计风险控制流程，制定设备风险管控标准和要求；

(4) 按照控制要素提出制度和标准清单，建立或修编相关管理制度和标准；

(5) 按照体系要求，建立统一的管理表格，指导部门或班组按企业风险预控体系要求建立相关制度和台账；

(6) 协助企业管理者代表实施体系审核；

(7) 提出“风险管控一体化平台”建设需求，协助电科院建立信息化管理模块。

6.3.2 区域风险控制

6.3.2.1 项目组织

由安全监察部门负责组织，安全管理人员、专业技术人员以及其他相关人员参加。

6.3.2.2 工作任务

(1) 按设备故障风险控制组策划的区域、系统，整理汇集生产区域、系统清单；

(2) 区域风险辨识、评价、控制策划信息表的策划、编制和更新；

(3) 按照风险分级控制原则设计风险控制流程，制定区域风险管控标准和要求；

(4) 按照控制要素提出制度和标准清单，建立或修编相关管理制度和标准；

(5) 按照体系要求建立统一的管理表格，指导部门或班组按企业风险预控体系要求建立相关制度和台账；

(6) 协助企业管理者代表实施体系审核；

(7) 提出“风险管控一体化平台”建设需求，协助电科院建立信息化管理模块。

6.3.3　作业活动风险控制

6.3.3.1　项目组织

成立工作任务风险评价组，按专业管理划分专业评价小组，并进行相关培训。运行工作任务风险评价小组应由生产运行管理部门负责组织，相关专业技术人员以及运行人员参加。检修维护工作任务风险评价小组应由生产技术管理部门负责组织，相关专业技术人员以及检修维护人员参加。现场监督检查和应急工作任务风险评价小组由安全监察部门负责组织，安全管理人员、专业技术人员以及其他相关人员参加。

6.3.3.2　工作任务

(1) 各工作任务风险评价小组提交工作任务清单，由安监部按生产区域、系统整理汇集企业工作任务总清单；

(2) 各小组进行风险辨识、评价、控制策划信息表的策划、编制和更新，安监部负责汇总；

(3) 各小组按照风险分级控制原则设计风险控制流程，制定工作任务风险管控标准和要求；

(4) 各小组按照控制要素提出制度和标准清单，建立或修编相关管理制度和标准；

(5) 各小组按照体系要求建立统一的管理表格，指导部门或班组按企业风险预控体系要求建立相关制度和台账；

(6) 协助企业管理者代表实施体系审核；

(7) 提出“风险管控一体化平台”建设需求，协助电科院建立信息化管理模块。

6.4　培训、意识和能力

安全生产风险预控管理体系是一个管理科学、理论严谨、系统性较强的管理体系，具有自我调节、自我完善的功能。需要企业的全体人员具备一定的安全管理意识、相应的工作能力，以及积极的共同参与。同时，安全生产风险预控管理体系的成功运行，也要求企业的每个成员都承担着特定职责和任务。上述的意识和能力需通过适当的培训和经历获得。

企业根据建立安全生产风险预控管理体系的需求，应对管理人员、体系运行控制组织成员和班组人员按照所承担工作要求实施分类、分级培训。

6.5 绩效评价与持续改进

6.5.1 绩效评价系统和标准

安全生产风险预控管理体系是按照体系化思想和风险控制的管理思路构建的系统化集成管理体系，其目的是规范企业安全生产管理，防范和控制安全生产风险，预防生产安全事故的发生。企业在实施安全生产风险预控管理活动过程中，应定期对体系运行情况和风险管控效果进行绩效评价，实现持续改进。

企业内部应建立管理体系绩效评价标准，对管理过程进行综合判断和评价，通过趋势分析来判断危险源管控措施的落实水平，从而揭示企业安全风险管控水平，按照体系管理单元和管理要素所设定的控制程序和规范要求进行评价。评价标准架构按以下四部分考虑：

(1) 风险辨识与评价管理；

(2) 风险控制与管理；

(3) 风险预控保障机制和手段；

(4) 安全生产管控一体化平台应用。

评价标准建立要围绕充分性、有效性和适时性来确立，突出风险日常管控的理念。

6.5.2 持续改进

企业通过建立安全生产风险预控体系绩效评价制度，定期组织风险管控绩效评价来获取管理体系运行情况的信息，通过安全管理保障体系予以实施改进。安全管理保障体系可分为：

(1) 安全管理组织保障；

(2) 安全管理制度保障。

安全管理保障组织构成见附录 B。

7 安全生产管控一体化平台

“安全生产管控一体化平台”是为了监控企业安全生产风险预控体系有效运行所建立的安全生产信息化系统。系统通过安全管理软件和在线监控硬件集成，按照“辨识和评价风险—降低和控制风险—预防和消除事故”的管理路径设置管理模块，形成以安全生产重点管控要素为基础，对重大危险源、重点岗位、重要部位进行在线监控，按照企业确定的重点管控要素控制程序实施信息化管理。通过建立各类数据库，采集安全生产风险数据，进行趋势分析和比对，找出安全管理、系统设备、作业环境、人员行为方面存在的薄弱环节，及时采取有效措施，防止不安全事件的发生。

7.1 数据库

按照安全生产风险预控管理体系建设要求，企业应建立以下基础数据库：

(1) 企业应遵从的法律、法规数据库；

(2) 设备、设施数据库；

(3) 风险辨识、评价、控制策划信息数据库；

(4) 典型工作任务安全措施数据库；

(5) 工作票、操作票数据库；

(6) 体系绩效评价标准数据库；

(7) 人员教育培训数据库。

7.2 管理模块

企业通过构建安全生产风险预控管理体系来实现企业安全生产风险管控，以管理规范化和管理信息化为手段，把企业安全生产管理的技术标准、管理标准、工作标准以及领导责任、技术责任、现场管理责任、监督责任转化为可执行、可监测、可预警的管理模块，实施信息化管理。管理模块可参考下列设置：

(1) 风险辨识与评价单元

① 系统设备风险辨识与评价

② 作业环境风险辨识与评价

③ 作业人员风险辨识与评价

(2) 风险控制单元

① 安全管理单元

② 设备管理单元

③ 作业环境单元

④ 作业人员单元

(3) 绩效评价单元

① 绩效评价

② 激励约束

③ 持续改进

(4) 在线检测单元

(5) 综合查询

(6) 统计分析

附　　录

附 录 A

（资料性附录）

风险预控管理流程（ISSMEC）

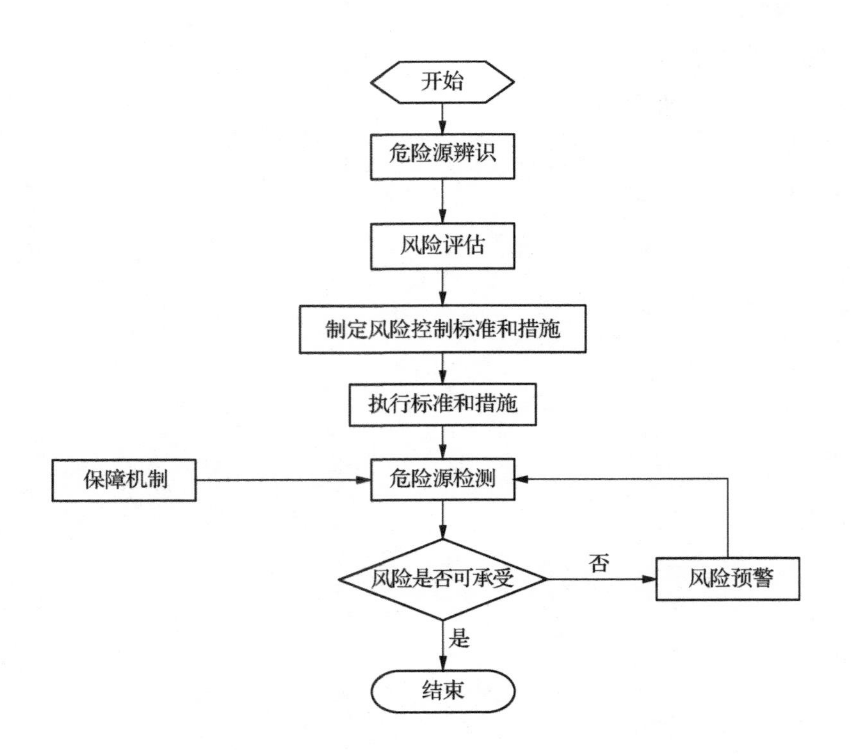

附 录 B

（规范性附录）
安全管理保障图

安全管理组织保障

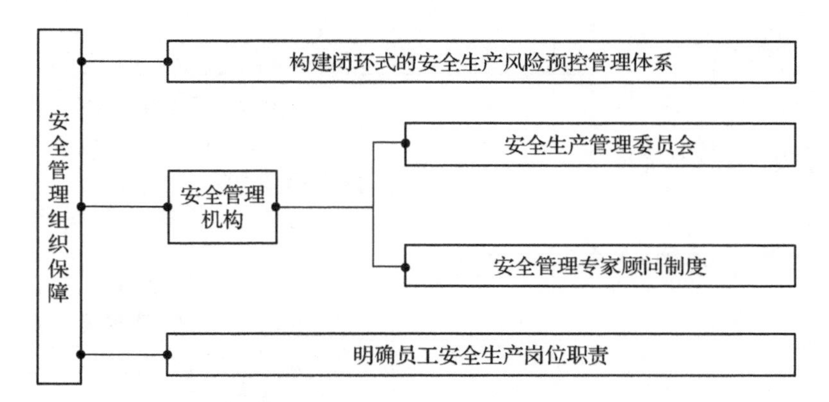

安全管理制度保障

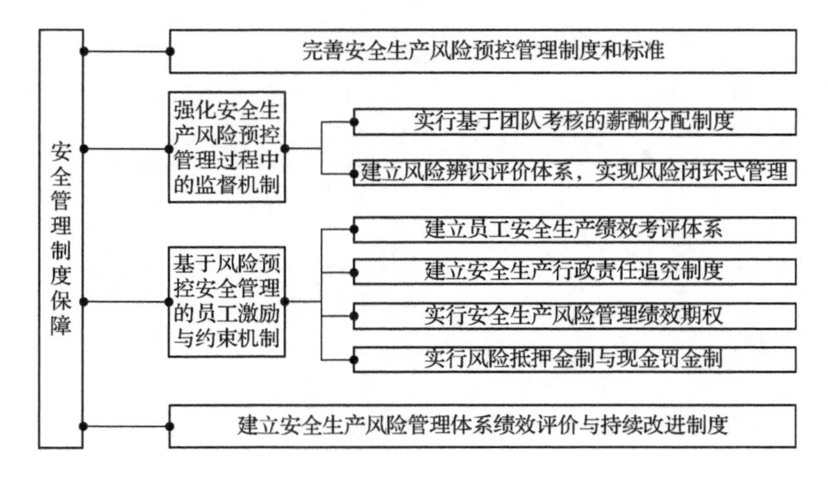

附 录 C

（规范性附录）
风险和危险等级划分标准表

风险值 R＝F×C	风险等级	风险指数	描述
1～5	重大	1	极其危险，事故有可能发生，后果极其严重，会让人产生极度的恐慌；应立刻停止工作，撤出人员，采取措施
6～9	较大	2	很危险，事故有可能发生，后果相当严重，会让人恐惧或者单位员工产生强烈反应；应立刻采取现场整改措施
10～17	一般	3	危险，事故有可能发生，后果较严重，会让人有恐惧感，极端不安，或者单位人员有抱怨；应采取现场方法措施
18～20	可承受	4	安全，事故发生可能性低，后果不严重，人有安全感

附录 D

（资料性附录）
R =F×C

R=F×C 半定量评价法是一种将风险由定性向定量转换的方法。其做法是：(1) 将影响风险大小的因素——事件发生的可能性、事件后果的严重度等可能的各种情形划分为不同的等级，并按照系统方法和企业经验给予这些因素的不同等级赋予一定的量值；(2) 进行风险分析，确定特定危险源及其风险因素的情形和取值；(3) 采用适当的公式计算出风险值；(4) 通过风险评价确定风险等级，并按标准确定风险是否为可承受风险。集团公司采用的半定量评价法为R=F×C 法，其中：F——事件发生的可能性；C——事件后果的严重度；R——风险，其值为 R=F×C。

附 录 E

（资料性附录）
风险控制措施导则表

<table>
<tr><th colspan="2" rowspan="2">控制措施</th><th colspan="3">针对的事件</th></tr>
<tr><th>人身（健康）伤害</th><th>环境影响（污染）</th><th>设备损坏</th></tr>
<tr><td rowspan="2">针对风险因素</td><td>事件发生可能性（F）</td><td>1. 编制安全工作程序和标准；
2. 培训知识和技能；
3. 设计改变危险源性质；
4. 使用替代的物质；
5. 转移或者隔离危险源；
6. 个人防护</td><td>1. 执行排放程序和标准；
2. 采取清洁生产技术；
3. 使用替代的物质；
4. 净化和处理后排放；
5. 减少排放；
6. 回收和处理</td><td>1. 执行设备运行和维护标准；
2. 执行预防性检查和维修措施；
3. 使用高性能设备代替低性能设备；
4. 隔离</td></tr>
<tr><td>事件后果严重度（C）</td><td>1. 急救；
2. 应急预案</td><td>1. 采取抑制措施；
2. 采取回收措施；
3. 应急预案</td><td>1. 隔离和保护；
2. 转移周围设备和危险物质；
3. 应急预案</td></tr>
</table>

附 录 F

（资料性附录）
常见危险源对应的风险描述表

危险源	风险描述		
	人身安全	设备与资产	环 境
化学的	烧伤 肺部伤害 中毒 刺激	火灾 爆炸 腐蚀 溶解	水污染 空气污染 土壤污染
电气的	烧伤 触电 眼睛伤害	火灾 故障 击穿 感应	资源使用污染
机械的	擦伤 碾伤 碰撞伤害	碰撞损害 结构失效	未知
压力	擦伤 碰撞伤害 割伤	高压 损害 碰撞损害	地形 改变

续表

危险源	风险描述		
	人身安全	设备与资产	环 境
噪音(厂界,设备)	听力损害 失常	未知	噪声污染
重力(高空作业)	碰撞伤害 高空坠落伤害	碰撞损害 高空坠物损害	未知
辐射(电磁,放射性元素)	烧伤 癌症 冻伤	火灾 溶化 热和冷损害	水污染 空气污染 土壤污染 社会影响
生物机械	扭伤 过度疲劳 失足	坠落损害	未知
微生物	疾病 职业病	污染 损害	水污染 空气污染 土壤污染
心理的	情绪异常 过度紧张 冒险心理	未知	未知

附 录 G

（资料性附录）

风险概况

部门名称：______________

风险概况

评价组组长：

评价组成员：

评价日期：　　　　年　　　月　　　日

编制说明格式：

编制说明

根据××要求，执行××标准，评价××范围。

正文格式：

风险概述

1　评价准则

2　风险排序

3　蜘蛛图或者柱状图

4　附表

附 录 H

（资料性附录）

风险管理与控制措施表

元素	条款	控制内容	规范要求
1.1 方针目标管理	1.1.1	方针	制定经安委会审查并由主要负责人批准的安全生产方针
			依据《企业安全生产标准化基本规范》与《集团公司安全生产工作规定》要求，结合企业生产实际，制定本企业方针。方针应满足以下要求： 1. 体现国家有关“安全第一、预防为主、综合治理”的要求； 2. 符合生产经营单位负责、职工参与、政府监管、行业自律和社会监督的机制要求； 3. 体现企业的发展方向； 4. 体现企业持续改进安全生产工作的承诺； 5. 体现员工、社会和其他相关方的需求； 6. 符合集团公司核心战略； 7. 体现集团公司安全生产风险预控管理体系建设要求
			企业每年至少对方针回顾、修订一次，以保持其适宜性及体现持续改进的要求
			企业所有员工、相关方或临时工应熟悉并理解企业安全生产工作方针

续表

元素	条款	控制内容	规范要求
1.1 方针目标管理	1.1.2	目标的制定	制定经安委会审查并由主要负责人批准的安全生产总体目标和年度安全生产目标
			安全生产目标不得低于《企业安全生产标准化基本规范》、集团公司安全生产工作规定和企业所属分(子)公司规定要求
			安全目标的构成至少包括人员安全目标、设备安全目标、管理工作目标以及环境安全目标,并予以量化;要包括风险预控管理目标
			企业所有员工、相关方或临时工应熟悉并理解企业安全生产工作方针、安全生产规划及年度安全生产工作目标和指标
	1.1.3	控制与落实	安全生产目标制定后,要以正式文件下发,并通过安全日活动、三级安全教育等活动进行传达和组织学习;年度安全目标与指标按层次逐级进行,横向分解到各部门(车间、值班室、项目部),纵向按照四级控制要求分杜绝指标和控制指标分解到各级,直至每个人,并逐级签订安全生产目标责任(书)状
			各级制定实现安全目标的保证措施和实施计划,措施和计划应经行政正职审核,并逐级上报备案
			员工填写《员工安全承诺书》,承诺书应明确岗位安全目标,保证目标实现的措施

续表

元素	条款	控制内容	规范要求
1.1 方针目标管理	1.1.4	安全目标的监督与考核	制定安全生产目标考核办法
			定期对目标(指标)的完成情况进行绩效评价与考核
			对安全目标与指标实现情况按月进行监督检查，当目标与指标完成情况出现偏差时，及时分析存在的问题，提出整改措施
1.2 组织机构和职责	1.2.1	安全生产委员会	企业应成立以主要负责人为主任、各分管领导为副主任、各部门负责人为成员的安全生产委员会，作为企业安全生产最高领导机构
			企业安委会负责安全生产风险预控管理体系建设的策划、实施、纠偏与持续改进和重大问题的协调处置，确保资源的投入
			每季度由主要负责人至少组织召开一次安委会会议，履行安委会职责，并形成会议纪要后下发
	1.2.2	安全生产保障体系	建立健全生产领导负责和有关部门主要负责人组成的有系统、分层次的安全生产保证体系
			每月组织召开一次有关安全生产保障体系的会议，落实保障安全生产所需的人员、物资、费用等需要

续表

元素	条款	控制内容	规范要求
1.2 组织机构和职责	1.2.2	安全生产保障体系	企业每月由企业主要负责人主持、各部门负责人参加安全生产分析会：布置、检查安全工作，综合分析安全生产形势及安全工作薄弱环节，总结事故教训，提出改进措施；对上月度安排工作未执行到位的，要分析原因，并提出整改措施，做到闭环管理
			安全生产分析会议形成会议记录并予以公布
			与企业存在资产或管理关系的多种经营、租赁经营、职工持股会兴办的企业等应纳入企业的统一管理范畴
	1.2.3	安全生产监督体系	建立独立的安全监督体系，并按国家及集团的要求成立安全监督部门，配备专职的安全管理人员，人员应具有注册安全工程师资质人员担任，人员数量和业务素质应当能够满足安全管理工作的需要，切实履行监督职责
			建立由企业安全监督管理人员、部门安全员、班组安全员组成的三级安全监督网（三级安全网成员要包括外委单位的专（兼）职安全管理人员）
			企业每月由安全监督负责人组织召开一次安全网例会，分析总结企业安全生产责任制落实、安全生产规章制度、安全生产措施计划以及上级有关安全生产的指示精神等贯彻执行情况，对本月不安全生产情况进行通报，对上月度不安全生产情况的整改闭环情况
			安全网例会形成会议纪要并下发

续表

元素	条款	控制内容	规范要求
1.3 安全生产责任制	1.3.1	责任制的建立	依据《中华人民共和国安全生产法》《企业安全生产标准化基本规范》与《集团公司安全生产工作规定》要求，结合本企业实际情况，制定各部门、各级、各类岗位人员的安全生产责任制
			生产经营单位的安全生产责任制应当明确各岗位的责任人员、责任范围和考核标准等内容，并建立相应的机制，加强对安全生产责任制落实情况的监督考核，保证安全生产责任制的落实
			安全生产责任制需体现安全职责与岗位职责相匹配原则
			企业主要负责人应按照安全生产法律、法规赋予的职责，建立、健全本单位安全生产责任制，组织制定本单位安全生产规章制度和操作规程，组织制定并实施本单位安全生产教育和培训计划，保证本单位安全生产投入的有效实施，督促、检查本单位的安全生产工作，及时消除生产安全事故隐患，组织制定并实施本单位的生产安全事故应急救援预案，及时、如实报告生产安全事故
			岗位变动、人员调整，应及时对责任制内容作出相应修改
	1.3.2	责任制的落实	各级、各类人员认真履行岗位安全生产职责，严格落实各项安全生产规章制度。贯彻“管生产必须管安全”的原则，做到在计划、布置、检查、总结、考核生产工作的同时，计划、布置、检查、总结、考核安全工作，确保安全生产
	1.3.3	责任制的监督与考核	企业应建立安全生产责任考核制度和责任追究制度，作为安全生产责任制落实情况的考核标准

续表

元素	条款	控制内容	规范要求
1.3 安全生产责任制	1.3.3	责任制的监督与考核	企业应每季度结合安委会，对企业各部门和岗位安全责任制的落实情况进行分析、总结，对发现的问题和不足进行纠正
			对安全生产职责履行情况进行检查、考核
1.4 安全法律、法规与制度	1.4.1	制度与管理流程	建立相关管理制度
			制度内容符合国家、行业和集团公司相关要求
			制度中明确了管理目标、职责分工、管理流程及管理标准，操作性强，符合企业实际情况
	1.4.2	法律、法规识别与获取	法律、法规的识别和获取应明确主管部门，确定获取的渠道、方式，及时识别和获取适用的安全生产法律、法规、标准规范
			各职能部门应及时识别和获取本部门使用的法律法规、标准规范，并跟踪、掌握标准规范的修订情况，及时提供给负责识别和获取法律规范的主管部门汇总
	1.4.3	规程、规章制度的制定与修订	企业应根据收集的法律、法规、部门规章、行业标准以及结合企业的实际情况建立和完善企业的规章制度
			规章制度制定完成后，应征询相关管理人员和一线工作人员的意见后，组织人员对制度全面评审，制度通过评审后，企业主要负责人批准后予以发布实施

续表

元素	条款	控制内容	规范要求
1.4 安全法律、法规与制度	1.4.3	规程、规章制度的制定与修订	企业应定期对安全制度的完善性、适用性进行审核，并在国家法律、法规、部门规章、技术标准及规范和上级单位规定要求或企业机构设置、工作流程、生产条件等发生变化时，及时修订和更新相应的规章制度
			企业每年至少一次对安全制度进行复查、修订和更新；每 3—5 年对有关制度、规程进行一次全面修订、重新印刷发布
			企业每年应发布规章制度清单，明确企业现行有效的规章制度；对于不再适合继续使用的规章制度应及时宣布作废
	1.4.5	规程、规章制度的培训与执行	企业应依照公布的规章制度清单，根据规章制度的使用范围，将企业规章制度配备到相关部门和岗位
			组织对从业人员的培训，确保其了解与其工作岗位相关的国家安全生产法律、法规、行业标准、本企业的制度规范及其他要求
			修订或更新的规章制度，及时书面通知相关岗位人员
	1.4.6	总结与改进	定期对法律、法规和安全管理制度进行回顾，总结经验，分析存在的问题，提出整改方案，持续改进

续表

元素	条款	控制内容	规范要求
1.5 安全生产投入	1.5.1	制度与管理流程	建立相关管理制度
			制度内容符合国家、行业和集团公司相关要求
			制度中明确了管理目标、职责分工、管理流程及管理标准，操作性强，符合企业实际情况
	1.5.2	费用计划管理	按规定提取安全生产费用，制定年度安全生产费用使用计划
			安全生产费用计划严格审批流程
	1.5.3	费用使用与监督	安全生产费用专门用于改善安全生产条件，确保按计划将资金落实到现场工作
			安全生产费用优先用于满足安全生产监督管理部门提出的整改措施或达到安全生产标准所需支出
			安全生产费用主要用于： 1. 安全技术和劳动保护措施：安全标志、安全工器具、安全设备设施、安全防护装置、安全培训、职业病防护和劳动保护，以及重大安全生产课题研究和预防事故采取的安全技术措施工程建设等； 2. 反事故措施：设备重大缺陷和隐患治理、针对事故教训采取的防范措施、落实技术标准及规范进行的设备和系统改造、提高设备安全稳定运行的技术改造等； 3. 应急管理：预案编制、应急物资、应急演练、应急救援等；

续表

元素	条款	控制内容	规范要求
1.5 安全生产投入	1.5.3	费用使用与监督	4. 安全检测、安全评价、事故隐患排查治理和重大危险源监控整改以及安全保卫等； 5. 安全法律法规收集与识别、安全生产标准化建设实施与维护、安全监督检查、安全技术技能竞赛、安全文化建设与安全月活动等
	1.5.4	检查与考核	对安全生产费用使用情况进行统计、汇总、分析，建立安全生产费用使用管理台账，台账做到月度统计、年度汇总
			有关领导应定期组织有关部门对执行情况进行检查考核
	1.5.5	总结与改进	定期对安全生产投入与费用管理工作进行回顾，总结经验，分析存在的问题，提出整改方案，持续改进
1.6 安全教育培训管理	1.6.1	制度与管理流程	建立相关管理制度
			制度内容符合国家、行业和集团公司相关要求
			制度中明确了管理目标、职责分工、管理流程及管理标准，操作性强，符合企业实际情况
	1.6.2	基础管理工作	明确教育培训归口管理部门及负责人
			企业应建立员工安全培训档案，员工的教育培训、规程制度等学习和考试等情况应及时录入培训档案

续表

元素	条款	控制内容	规范要求
1.6 安全教育培训管理	1.6.3	教育培训	制定年度教育培训计划，计划中应明确培训对象、培训内容、培训方式、培训计划时间和实施部门等事项，并对培训经费进行预算，经主要负责人审批后下发
			依据年度安全培训计划，制定每月安全培训实施方案
	1.6.4	各类人员教育培训	主要负责人及安全生产管理人员接受教育培训，取得培训合格证书，具备与本单位所从事的生产经营活动相适应的安全生产知识和管理能力，培训学时符合要求
			在岗人员应经过技能培训、安全教育、安全规程考试，确保能力与岗位要求相适应
			特种作业人员及特种设备操作人员应全部持证上岗
			“三种人”(工作票签发人、工作负责人、工作许可人)应每年经过培训，考试合格后，以正式文件公布名单
			新任命的各级生产领导应经过安全生产方针、法规、规程制度和岗位安全职责的学习
			新员工应经过三级安全教育合格后方可上岗
			离岗、转岗三个月后重新上岗人员，应进行车间及班组教育培训，考试合格后方可上岗

续表

元素	条款	控制内容	规范要求
1.6 安全教育培训管理	1.6.4	各类人员教育培训	对相关方人员及其他外来参观、学习人员，进入作业现场前，应对可能接触到的危害及应急知识或其他相关的安全知识进行告知和教育培训
	1.6.5	检查与考核	每月对培训工作进行检查、考核
	1.6.6	教育培训评价	企业定期对安全教育培训形式、培训效果以及培训计划执行情况进行评价，对评价中发现的问题制定措施予以纠正和改进，并作为下一年度制定培训计划的依据
	1.6.7	总结与改进	定期对安全教育培训工作进行回顾，总结经验，分析存在问题，提出整改方案，持续改进
1.7 安全监督管理	1.7.1	监督机构建设	企业应设独立安全监督机构，生产性车间应设专职安全员；其他车间和班组设专职或兼职安全员。建立由本单位安全监督人员、车间安全员、班组安全员组成的三级安全网
			安全监督机构人员配置及装备应满足安全监督工作的实际需要。安全监督机构负责人和安全监督人员应选择责任心强，坚持原则，熟悉国家安全生产的法律、法规、标准，熟悉生产过程，掌握一定安全生产技术，具有一定管理能力，具有注册安全工程师资质的人员担任
			生产经营单位安全监督机构一般由单位行政正职主管，在业务上接受上级安全监督机构、本单位分管安全生产负责人的领导

续表

元素	条款	控制内容	规范要求
1.7 安全监督管理	1.7.2	监督机构职责	监督本单位安全生产责任制落实；监督安全生产规章制度、安全生产措施计划、上级有关安全生产指示精神等贯彻执行；组织或配合安全生产工作规程考试和安全网活动
			根据本单位生产经营特点，对安全生产状况进行经常性检查
			监督涉及人身安全的防护状况，涉及设备、设施安全的技术状况。对监督检查中发现的重大问题和隐患，及时下达安全监督整改通知书，限期解决，并向单位安全第一责任人汇报
			会同工会、劳动人事部门组织编制本单位安全技术劳动保护措施计划，并监督所需费用的提取和使用情况
			参加和协助本单位或上级部门组织的事故调查，监督事故“四不放过”（事故原因不清楚不放过；事故责任者和应受教育者没有受到教育不放过；没有采取防范措施不放过；事故责任者未受到处罚不放过）原则的贯彻落实情况，完成事故统计、分析、上报工作并提出考核意见
			对安全生产工作中做出贡献者和事故有关责任人，提出奖励和处罚意见
			参与工程和技改项目的设计审查、施工队伍资质审查和竣工验收以及有关科研成果鉴定等工作

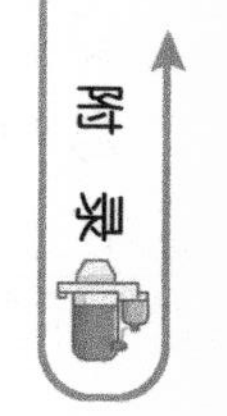

续表

元素	条款	控制内容	规范要求
1.7 安全监督管理	1.7.3	监督人员职权	有权进入生产区域、施工现场、控制室检查了解安全情况。对检查发现的问题，有权责令有关部门进行整改；对重大事故隐患排除前或排除过程中无法保证安全的，有权做出停止工作或撤离工作人员的决定或建议
			有权制止违章作业、违章指挥、违反生产现场劳动纪律的行为
			有权要求保护事故现场，有权向本单位人员调查了解事故情况和提取事故原始资料，有权对事故现场进行拍照、录音、录像等
			对事故调查分析结论和处理有不同意见时，有权提出或向上级安全监督机构反映；对违反规定、隐瞒事故或阻碍事故调查行为有权纠正或越级反映
	1.7.4	监督检查	安全监督负责人每月组织召开安全网例会，落实上级有关安全生产监督工作要求，分析安全生产动态，研究下一阶段安监重点工作
			定期对各部门安全指标完成情况进行检查、考核
			定期或不定期进行工作现场安全监督检查，形成安全监督检查记录
			每月对“两票”评价、合格率统计进行监督检查，并按规定进行考核
			按规定对安全工器具、其他重要工器具、安全防护用品、劳保用品、较大危险性作业、教育培训情况等进行监督检查
			对于重大隐患，及时下达安全监督整改通知书，并限期整改
	1.7.5	总结与改进	定期对安全监督管理工作进行回顾，总结经验，分析存在的问题，提出整改方案，持续改进

续表

元素	条款	控制内容	规范要求
1.8 安全日常管理	1.8.1	制度与管理流程	建立相关管理制度
			制度内容符合国家、行业和集团公司相关要求
			制度中明确了管理目标、职责分工、管理流程及管理标准，操作性强，符合企业实际情况
	1.8.2	班前会、班后会	企业检修班组开工前、运行班组接班前应召开班前会，结合当班运行方式和工作任务，做好危险点分析，布置安全措施，交代注意事项；每日下班前召开班后会，总结讲评当班工作和安全情况，表扬好人好事，批评忽视安全、违章作业等不良现象，并做好记录，由班组长存档备查
	1.8.3	安全日活动	企业检修班组应每周/运行班组每轮值开展一次安全日活动，安全日活动内容符合上级及本单位要求
			领导、管理人员定期参加安全日活动，并对安全活动进行检查、签署意见、提出要求
	1.8.4	安全分析会	企业、部门负责人每月组织召开一次安全生产分析会
			安监负责人每月组织召开一次安全网例会
	1.8.5	安全简报	企业应定期或不定期编写下发安全简报，每月至少一期

续表

元素	条款	控制内容	规范要求
1.8 安全日常管理	1.8.6	安全检查	企业应每季结合季节特点和事故规律开展安全检查工作
			安全检查应编制安全检查提纲或安全检查表，并经分管领导审批后执行
	1.8.7	安全评价	企业应每年组织一次安全性评价自查评工作，并形成自查评报告
			企业应积极配合集团专家组完成安全性评价现场工作
			根据安全性评价过程中发现的问题，举一反三，及时制定整改措施，做到闭环管理，持续提高
	1.8.8	标准化建设	按照国家、集团的要求，积极推进安全标准化建设工作
	1.8.9	总结与改进	定期对安全日常管理工作进行回顾，总结经验，分析存在的问题，提出整改方案，持续改进
1.9 相关方和临时工管理	1.9.1	制度与管理流程	建立相关管理制度
			制度内容符合国家、行业和集团公司相关要求
			制度中明确了管理目标、职责分工、管理流程及管理标准，操作性强，符合企业实际情况

续表

元素	条款	控制内容	规范要求
1.9 相关方和临时工管理	1.9.2	资质、能力审查与合同签订	企业在工程项目发包前必须对承包方的资质和条件进行审查，确保资质条件满足要求
			存在劳务派遣用工企业，需对劳务派遣单位的条件进行审查，确保劳务派遣单位具有一定的事故伤害赔偿能力
			企业需与承包商签订安全生产管理协议，或者在承包合同中明确约定各自的安全生产管理职责，合同或安全管理协议需经本单位安全监督部门审查同意
			工程项目中有多个承包方，企业组织承包商签订安全生产管理协议，并负责对承包方的安全生产统一协调、管理
			存在劳务派遣用工企业，必须与劳务派遣单位签订劳务派遣协议，协议内容应符合要求
	1.9.3	技术交底与培训	企业应对承包方作业人员进行安全教育、安全规程考试，安全交底，教育、考试、交底资料需签字并完整保存
			临时工或劳务派遣者上岗前，必须经过安全生产知识和安全生产规程培训，考试合格后方可上岗
	1.9.4	施工方案、措施审查	对承包方制定的关于项目组织措施、技术措施、安全措施及施工方案进行审查，并由企业主管领导批准后执行
			在较大危险性场所作业时，承包方应制定符合审批流程的专项安全措施

续表

元素	条款	控制内容	规范要求
1.9 相关方和临时工管理	1.9.5	现场管理	定期开展作业现场安全检查，并根据承包方作业行为定期识别作业风险，督促整改，落实相关安全措施
	1.9.6	总结与改进	定期对相关方和临时工管理工作进行回顾，总结经验，分析存在的问题，提出整改方案，持续改进
1.10 隐患排查和治理	1.10.1	制度与管理流程	建立相关管理制度
			制度内容符合国家、行业和集团公司相关要求
			制度中明确了管理目标、职责分工、管理流程及管理标准，操作性强，符合企业实际情况
	1.10.2	隐患排查	定期组织安全生产管理人员、工程技术人员和其他相关人员排查本单位的事故隐患，排查出的隐患应建立台账
			建立事故隐患报告和举报奖励制度，对发现、排除和举报事故隐患的有功人员，应当给予奖励和表彰
	1.10.3	隐患管理	企业应对隐患实行分类、分级管理，明确“查找—评价—报告—治理(控制)—验收—销号”的闭环管理流程
	1.10.4	隐患治理	对隐患应制定切实可行的整治方案，落实整改责任、整改资金、整改措施、整改预案和整改期限

续表

元素	条款	控制内容	规范要求
1.10 隐患排查和治理	1.10.4	隐患治理	企业应当保证事故隐患排查治理所需的资金,建立资金使用专项制度
			隐患治理过程中,采取相应的安全防范措施,防止事故发生
			隐患治理结束后,对治理效果进行验证和评价
	1.10.5	统计和报表	企业每月、每季、每年对本单位事故隐患排查治理情况进行统计分析,并按要求及时报送有关部门,统计表应当经主要负责人签字
	1.10.6	总结与改进	定期对隐患排查与治理工作进行回顾,总结经验,分析存在的问题,提出整改方案,持续改进
1.11 危险源辨识与风险评价	1.11.1	制度与管理流程	建立相关管理制度
			制度内容符合国家、行业和集团公司相关要求
			制度中明确了管理目标、职责分工、管理流程及管理标准,操作性强,符合企业实际情况
	1.11.2	基础工作	成立危险源辨识与风险评价工作体系,建立由专业技术人员和安全人员组成的危险源辨识和风险评价小组
			建立危险源辨识和风险评价标准和程序以及风险评价方法及风险等级标准

续表

元素	条款	控制内容	规范要求
1.11 危险源辨识与风险评价	1.11.3	危险源辨识与风险评价实施	企业应每年结合本企业实际情况，综合考虑管理、人、机、环境四个方面可能出现的不安全因素，对危险源进行普查辨识，分析工作中存在或潜在的危险源
			对辨识出的危险源进行风险评价，确定危险源风险等级
	1.11.4	风险控制措施	针对危险源辨识结果和风险评价结果，制定并落实相应的风险控制措施，确保风险在可接受范围内
			企业定期对风险预控工作进行检查，确保预控措施有效
	1.11.5	总结与改进	定期对危险源辨识及风险评价工作进行回顾，总结经验，分析存在问题，提出整改方案，持续改进
1.12 重大危险源管理	1.12.1	制度与管理流程	建立相关管理制度
			制度内容符合国家、行业和集团公司相关要求
			制度中明确了管理目标、职责分工、管理流程及管理标准，操作性强，符合企业实际情况
	1.12.2	辨识与评价	企业应定期对本单位的危险化学品生产、经营、存储和使用装置、设施或者场所按照《危险化学品重大危险源辨识》(GB 18218—2009)中规定的危险品类别及临界量进行辨识，并记录辨识过程与结果

续表

元素	条款	控制内容	规范要求
1.12 重大危险源管理	1.12.2	辨识与评价	企业应对重大危险源进行安全评价并确定重大危险源等级
			重大危险源的个人和社会风险值不得超过可容许风险限制标准
	1.12.3	登记建档与备案	企业应对重大危险源及时、逐项进行登记建档
			企业应将重大危险源的相关资料及时报当地有关监管部门及集团公司、分(子)公司备案
	1.12.4	监控与管理	企业应根据构成重大危险源的实际情况，建立健全安全监测监控体系，完善控制措施
			企业应明确重大危险源中关键装置、重点部位的责任人或责任机构，并定期对重大危险源的安全生产状况进行检查，做好检查记录
			企业定期对重大危险源的安全设施和安全监测监控系统进行检测、检验、维护、保养，并做好记录，由相关人员签字
			重大危险源所在场所应设置明显的安全警示标志，写明紧急情况下的应急处置方法
			重大危险源的管理和操作岗位人员应进行安全操作技能培训，培训合格后上岗
			企业应将重大危险源发生事故的危害、后果、应急措施告知周边单位和人员

续表

元素	条款	控制内容	规范要求
1.12 重大危险源管理	1.12.5	应急救援	企业应制定重大危险源专项应急救援预案，建立应急救援组织或配备应急救援人员，配备必要的防护装备及应急救援器材、设备物质等
			企业应定期对重大危险源专项应急救援预案及现场处置方案进行演练，并对演练效果进行评价
	1.12.6	检查与考核	定期对重大危险源的管理进行检查，落实考核
	1.12.7	总结与改进	定期对重大危险源监控工作进行回顾，总结经验，分析存在的问题，提出整改方案，持续改进
1.13 应急管理	1.13.1	制度与管理流程	建立相关管理制度
			制度内容符合国家、行业和集团公司相关要求
			制度中明确了管理目标、职责分工、管理流程及管理标准，操作性强，符合企业实际情况
	1.13.2	机构建设	企业应建立健全应急工作体系，成立应急领导小组及相应工作机构，配备专（兼）职应急管理人员，并明确相应分工与职责
			企业应加强安全生产管理人员应急指挥及处置能力培训

续表

元素	条款	控制内容	规范要求
1.13 应急管理	1.13.3	应急预案	按照《电力企业综合应急预案编制导则(试行)》《电力企业专项应急预案编制导则(试行)》和《电力企业现场处置方案编制导则(试行)》要求,结合自身安全生产和应急管理工作实际情况,制定完善本单位应急预案
			应急预案应经过评审,并做好评审意见的记录、存档工作,评审合格后由主要负责人签发
			应急预案应报当地有关部门及分(子)公司进行备案
			企业应制定3—5年度演练规划及年度应急培训及演练计划,按计划进行相应的培训和演练工作,并对演练工作进行评估
			应急预案实行动态管理,根据实际需要,及时修订应急预案,每三年至少修订一次,修订后应急预案应重新备案
	1.13.4	应急保障	企业应根据实际情况,建立与应急工作相关联的单位或人员通信联系方式和方法,确保应急期间信息通畅
			应建立专(兼)职应急抢险救援队伍,或与邻近救援力量签订救援协议
			配备满足应急需求的应急物资和装备,并强化应急物资和装备的维护管理,确保应急物质处于良好状态
			建立应急资金投入保证机制,明确应急资金来源、数量、使用范围和监督管理措施

续表

元素	条款	控制内容	规范要求
1.13 应急管理	1.13.5	监测与预警	加强电力设备设施运行情况和各类外部因素的监测和预警。与气象、水利、林业、地震等部门建立沟通联系，及时获取各类应急信息。建立预警信息快速发布机制，采用多种有效途径和手段，及时发布预警信息
	1.13.6	应急响应与救援	按突发事件分级标准确定应急响应原则和标准。针对不同级别的响应，做好应急启动、应急指挥、应急处置和现场救援、应急资源调配等应急响应工作。当突发事件得以控制，可能导致次生、衍生事故的隐患消除，应急指挥部可批准应急结束。明确应急结束后，要做好突发事件后果的影响消除、生产秩序恢复、污染物处理、善后理赔、应急能力评估、对应急预案的评价和改进等后期处置工作
	1.13.7	总结与改进	定期对应急管理工作进行回顾，总结经验，分析存在的问题，提出整改方案，持续改进
1.14 防灾减灾管理	1.14.1	管理制度	制定防灾减灾管理制度
			相关制度不得有漏项，不得违背相关法律、法规，降低标准
			管理制度引用最新国家、行业标准，具有可操作性
	1.14.2	机构与职责	由安全第一责任者组织开展应急管理工作，成立组织机构，明确责任
			建立防灾减灾应急队伍，明确重点防灾部位或场所
			明确与政府、外部救援队伍的联系机构，确定外部专业救援队伍

续表

元素	条款	控制内容	规范要求
1.14 防灾减灾管理	1.14.3	防灾减灾应急预案	防灾减灾预案齐备，涵盖防汛、防地质灾害、防气象灾害等内容
			防灾减灾预案与政府相关预案紧密结合，并经审核备案
			现场处置方案要结合企业实际情况
			及时修订防灾减灾预案、现场处置方案
	1.14.4	宣传与培训	每年至少开展一次全员有关防灾救灾知识的宣传、培训，涵盖防汛、防地质灾害、防气象灾害等内容
			新员工上岗前，必须进行有关防灾救灾知识培训，并考试合格
			员工掌握应急流程，掌握现场处置方案，应急能力满足安全需要
			每年至少与外部救援队伍联合各组织一次有关防汛、防地质灾害(泥石流、滑坡、地震)、防气象灾害等内容的全面演练
	1.14.5	防灾减灾物资管理	准备防灾减灾物资，满足现场防灾减灾工作需要
			定期对防灾减灾物资进行全面检查、检测、维护与验收，确保数量齐全，性能良好
	1.14.6	检查与整改	请有资质的单位对建(构)筑物进行评价，按照评价结果和建议，对建(构)筑物进行加固

续表

元素	条款	控制内容	规范要求
1.14 防灾减灾管理	1.14.6	检查与整改	汛期来临前，开展防汛、防台风、防泥石流等灾害专题检查
			冬季来临前，开展防冰冻灾害专题检查
			根据政府部门发布的消息，开展专项检查
	1.14.7	防灾减灾实施	灾害事件发生后，应立即用电话、传真或电子邮件等方式逐级报告
			积极应对突发事件，不扩大事故，不发生次生事故
			事件结束后，要对受灾部位进行针对性的检查；必要时，开展技术鉴定工作，发现问题，及时消除
			对防灾减灾应急能力(包括对预案体系评价和改进等)进行评价总结，作为修订预案体系的依据
	1.14.8	回顾与记录	每半年至少召开一次防灾减灾工作会议，研究部署防灾减灾重点工作
1.15 信息报送和事故调查处理	1.15.1	制度与管理流程	建立相关管理制度
			制度内容符合国家、行业和集团公司相关要求
			制度中明确了管理目标、职责分工、管理流程及管理标准，操作性强，符合企业实际情况
	1.15.2	信息报送	企业应明确信息报送责任人，按规定向有关单位和电力监管机构报送电力安全信息，电力安全信息报送应做到准确、及时和完整

续表

元素	条款	控制内容	规范要求
1.15 信息报送和事故调查处理	1.15.3	事故报告	企业发生事故后，应按规定及时向分(子)公司、地方政府有关部门和电力监管机构报告，并妥善保护事故现场及有关证据
	1.15.4	事故调查处理	企业发生事故后应按规定成立事故调查组，明确其职责和权限，进行事故调查或配合有关部门进行事故调查
			事故调查应查明事故发生时间、经过、原因、人员伤亡情况及经济损失等，编制完成事故调查报告
			企业应按照事故调查报告意见，认真落实整改措施，严肃处理相关责任人
	1.15.5	总结与改进	定期对信息报送及事故调查处理工作进行回顾，总结经验，分析存在的问题，提出整改方案，持续改进
1.16 绩效评价与持续改进	1.16.1	制度与管理流程	建立相关管理制度
			制度内容符合国家、行业和集团公司相关要求
			制度中明确了管理目标、职责分工、管理流程及管理标准，操作性强，符合企业实际情况

续表

元素	条款	控制内容	规范要求
1.16 绩效评价与持续改进	1.16.2	评价标准	评价标准包括以下四个方面： 1. 风险辨识与评价管理； 2. 风险控制与管理； 3. 风险预控保障机制和手段； 4. 安全生产管控一体化平台应用
	1.16.3	绩效评价	每年至少一次对本单位安全生产风险预控体系的实施情况进行评价，对每个要素、每项控制内容进行对照检查，形成评价报告
	1.16.4	绩效考核	根据绩效评价结果，对有关部门和人员兑现奖惩
	1.16.5	持续改进	企业应根据绩效评价结果，制定下一年度的安全生产风险预控的工作计划及措施，实施 PDCA 循环，不断提高安全绩效
2.1 岗位管理	2.1.1	制度与管理流程	制定相关管理制度，健全组织机构，落实管理责任
			制度内容符合国家、行业和集团公司相关要求
			制度中明确管理目标、职责分工、管理流程及管理标准，操作性强，符合企业实际情况
	2.1.2	岗位设置及职责	按照集团公司相关要求进行岗位设置，满足安全生产要求

续表

元素	条款	控制内容	规范要求
2.1 岗位管理	2.1.2	岗位设置及职责	建立所有岗位的岗位职责，岗位职责应明确岗位人员应遵循的劳动纪律、安全规程、操作规程、作业规范等要求以及岗位的特定要求
			根据企业发展需要和部门、班组群体素质的变化情况，合理配置各类人员，定期修订岗位任职条件和岗位规范
			制定各岗位的工作标准
	2.1.3	上岗条件	明确各岗位的上岗条件，包括年龄、学历、工作经历、工作年限、任职资格等
			明确规定患病（如癫痫、抑郁）员工不能任职特殊、危险、压力大的岗位
			明确规定如血压、血糖异常者不能任职的岗位
	2.1.4	岗位风险管理	岗位作业危险源辨识
			岗位作业风险评价
	2.1.5	岗位动态管理	建立科学的各类人员绩效指标考核体系，对各类在岗人员从工作数量与质量、岗位技能、工作态度、工作业绩等方面进行全方位测评
			根据实际情况，以月度考核为基础、年度考核为依据、绩效考核为重点、薪酬激励为措施，兑现绩效考核及奖惩制度
			对由低岗转至高岗或跨部门、跨专业转岗人员可设置一定期限的试用期，培训期满经考核合格可正式上岗，考核不合格者延长试用期或转为内部待岗

续表

元素	条款	控制内容	规范要求
2.1 岗位管理	2.1.5	岗位动态管理	对个人申请并征得企业同意连续离岗学习时间在三个月及以上的人员，待学习期满后参加岗位竞聘
			制定具体的待岗人员管理办法，加强对待岗人员的管理，增强待岗人员的能力和素质，为待岗人员能够重新竞争上岗创造条件
			对关键、重要岗位的人员要定期实行岗位轮换或交流
			对具有培养前途的骨干和专业技术人才，应根据培养复合型人才的需要，有计划地开展岗位交流与轮换
	2.1.6	宣传和培训	所有员工都应熟悉本岗位的职责要求和工作标准
			所有员工都应熟悉本岗位的岗位风险和控制方法
	2.1.7	总结与改进	定期对岗位管理工作进行回顾，总结经验，分析存在的问题，提出整改方案，持续改进
2.2 岗位培训	2.2.1	制度与管理流程	制定相关管理制度，健全组织机构，落实管理责任
			制度内容符合国家、行业和集团公司相关要求
			制度中明确管理目标、职责分工、管理流程及管理标准，操作性强，符合企业实际情况

续表

元素	条款	控制内容	规范要求
2.2 岗位培训	2.2.2	组织机构与队伍建设	成立以安全生产第一责任人为组长的安全生产培训管理机构，明确职责
			组建专(兼)职教师队伍，建立并不断完善试题库
			建立培训档案
	2.2.3	培训需求与分析	每年围绕岗位职责和工作标准，开展培训需求调查、汇总、分析，确定培训项目
	2.2.4	培训计划	根据培训项目和内外部培训资源，确定培训方法、时间、内容，分层、分级编制年度培训计划
	2.2.5	培训实施	组织员工学习安全生产的方针、法规、制度，学习国家、行业、集团关于安全生产法律、法规、制度要求
			针对各岗位，组织学习有关专业知识和操作技能
			组织有关人员开展技术问答、事故预想、岗位练兵、技术比武等培训活动
			新入厂的人员(含实习、代培人员)要经厂、车间和班组三级安全教育，本企业内生产换岗人员要经车间、班组安全教育，经考试合格后进入生产现场工作
			新上岗 200 MW 及以上机组的主要岗位运行人员，要进培训并考试合格；在岗人员应定期进行仿真机培训
			按计划组织反事故演习、应急预案培训与演练
			完成特种作业及特种设备操作人员的培训工作

续表

元素	条款	控制内容	规范要求
2.2 岗位培训	2.2.5	培训实施	生产人员调换岗位、所操作设备或技术条件发生变化，必须进行适应新岗位、新操作（检修）方法的安全技术培训和实际操作训练，经考试合格后方可上岗
			完成安全培训工作要求的培训内容
	2.2.6	培训评价	企业定期对安全教育培训形式、培训效果以及培训计划执行情况进行评价
			对评价中发现的问题，制定措施并予以纠正和改进，并作为下一年度制定培训计划的依据
	2.2.7	检查与考核	每月对培训工作进行检查、考核
	2.2.8	总结与改进	定期对岗位培训管理工作进行回顾，总结经验，分析存在的问题，提出整改方案，持续改进
2.3 人员资质管理	2.3.1	制度与管理流程	制定相关管理制度，健全组织机构，落实管理责任
			制度内容符合国家、行业和集团公司相关要求
			制度中明确管理目标、职责分工、管理流程及管理标准，操作性强，符合企业实际情况
	2.3.2	任职资格	企业主要负责人安全管理任职资格
			安全生产管理人员任职资格

续表

元素	条款	控制内容	规范要求
2.3 人员资质管理	2.3.2	任职资格	特种作业人员任职资格
			特种设备操作人员任职资格
			可靠性管理任职资格
			计量人员任职资格
			化验人员任职资格
			生产调度人员任职资格
			其他有关人员任职资格
	2.3.3	资格的维护	具备各类任职资格的人员在相应岗位上，要严格遵守有关法律法规，维护职业道德
	2.3.4	任职资格再培训	具备各类任职资格的人员要按相关要求接受再培训
	2.3.5	总结与改进	定期对员工资质管理工作进行回顾，总结经验，分析存在的问题，提出整改方案，持续改进
2.4 值班管理	2.4.1	制度与管理流程	制定相关管理制度，健全组织机构，落实管理责任
			制度内容符合国家、行业和集团公司相关要求
			制度中明确管理目标、职责分工、管理流程及管理标准，操作性强，符合企业实际情况

续表

元素	条款	控制内容	规范要求
2.4 值班管理	2.4.2	值班管理	遵守调度纪律，落实调度指令
			认真监视设备运行工况，合理调整设备状态参数，正确处理设备异常情况
			掌握设备健康情况，做好事故预想，开展反事故演习，并做好各类运行记录
			按规定时间、内容及线路对设备进行巡回检查，按规定时间和方法做好设备定期轮换和试验工作，做好相关记录
			严格执行“两票”制度，加强操作监护，完善设备检修安全技术措施，做好各项确认、验收工作
			认真执行“五防”功能解锁钥匙的管理规定
			认真执行配电室及配电设备钥匙的相关制度
			做好防寒、防冻、防暑、防高温、防火、防盗的各项工作
			按规定的程序做好生产汇报工作，做好值班记录
	2.4.3	交接班	交接班管理制度应规范、健全，对交接准备、交接内容、交接方式和执行程序等应做出明确规定
			接班人员应提前进入现场，按检查路线进行全面巡回检查

续表

元素	条款	控制内容	规范要求
2.4 值班管理	2.4.3	交接班	接班前应全面检查 CRT 画面及各表盘参数
			接班人员在接班前应详细了解上值(班)生产情况,并召开班前会
			按规定的交接方式和程序,执行交接班工作
			交接人员在交班后,召开班后会
			班前、班后会应规范,交接班记录应完整
	2.4.4	重大操作(作业)把关	制定重大操作(作业)领导干部现场把关制度,并严格执行,保存记录
	2.4.5	检查与考核	各级管理人员对值班及交接班情况进行检查,并按制度进行考核
	2.4.6	总结与改进	定期对值班管理工作进行回顾,总结经验,分析存在的问题,提出整改方案,持续改进
2.5 “两票”管理	2.5.1	制度与管理流程	制定相关管理制度,健全组织机构,落实管理责任
			制度内容符合国家、行业和集团公司相关要求
			制度中明确管理目标、职责分工、管理流程及管理标准,操作性强,符合企业实际情况

续表

元素	条款	控制内容	规范要求
2.5 “两票”管理	2.5.2	人员	工作票（包括继电保护安全措施票、热控保护安全措施票等，下同）签发人、工作负责人、工作许可人及操作监护人必须符合《电业安全工作规程》所要求具备的条件，每年按规定考试合格，经审核批准、书面公布后重新授权
			各发电企业每年至少组织一次对工作票操作票所列人员手工填写的训练
			采用计算机管理工作票、操作票，必须严格执行集团公司规定的流程和要求
			外委人员的“三种人”管理纳入到企业总体管理当中
			严格工作票签发人、工作负责人、工作许可人及操作监护人的签字权限的管理，杜绝代签、盗签现象。推荐使用指纹、读卡等身份权限验证管理，不具备实现上述身份验证条件又无法杜绝密码权限被代用、盗用的，必须采用纸质票，手工填写、签字
			典型的电气和（热）机操作票必须由各专业工程师（技术员）负责编写，经生产管理部门审核、总工程师批准后执行
	2.5.3	“两票”的填写	工作票、操作票分类规范合理，选用正确；工作票、操作的样式满足安全规程的要求
			工作票、操作票应事先编号，按照编号顺序使用
			新建工作票、操作票必须由填票人手工录入，禁止填票人从其他典型票、标准票、历史票（已执行票）上复制粘贴。对典型票、标准票、历史票实行文档保护，闭锁其复制功能

续表

元素	条款	控制内容	规范要求
2.5 “两票”管理	2.5.3	“两票”的填写	工作票需附带危险点控制措施，应针对工作特点、作业方法、应用的工器具、工作环境、设备状况、气候条件、工作时间等，结合事故教训，分析可能引发事故的危险点并制定相应的安全措施，由工作负责人填写，由工作票签发人审核
			重大、复杂作业项目，应制定安全、组织、技术措施方案，并在工作前下发到部门、班组，便于提前组织作业人员学习和进行危险点分析，并填写“危险因素控制措施”
			操作票、工作票的填写必须使用规范的专业术语
	2.5.4	工作票的使用	检修工作要严格履行工作票的执行程序（签发、许可、监护、间断、延期、试运、终结），并规范运作
			工作票签发人、工作许可人、工作负责人应按《电业安全工作规程》规定认真履行职责、落实安全责任和现场安全措施，确保检修工作过程中的人身和设备安全
			许可开工的工作票一式打印两份，所有签字栏必须由工作负责人、工作许可人或值班负责人手工签字
			两份工作票，一份经常保存在工作地点，由工作负责人收执；一份由运行值班员收执，按值移交
			工作开始前，工作负责人向工作组成员进行安全交底，工作组成员在工作负责人所持工作票上签字

续表

元素	条款	控制内容	规范要求
2.5 “两票”管理	2.5.4	工作票的使用	工作终结时,工作负责人、值班负责人同样履行签字手续。已执行的工作票分别以纸质票和电子票形式存档
			已执行的工作票应保存三个月,由安监部门归口管理
	2.5.5	操作票的执行	运行操作要严格履行操作票的执行程序(接受操作预告、操作票审核、发布和接受操作任务、电气模拟操作、实际操作、复核确认、汇报终结),并规范运作
			电气操作必须严格执行操作监护制,不允许在无人监护的情况下进行操作。重要的热力系统操作必须使用操作票,倒闸操作中途不准换人,监护人不准离开操作现场,不准做与操作无关的事情
			倒闸操作开始前,应先在模拟图上进行模拟操作预演(有条件的进行微机预演)
			操作时必须按操作票的顺序逐项进行,不准跳项、漏项
			操作中当必须使用防误闭锁解锁工具(钥匙)时,应经值班调度员或值长批准,并经值班负责人复核无误,在值班负责人监护下开启封装和进行解锁操作
			倒闸操作必须根据值班调度员或值班负责人命令,受令人复诵无误后执行;值班调度员发布命令的全过程(包括对方复诵命令)和听取汇报时都要录音并做好记录
			已执行、未执行及作废的操作票至少保存三个月,由安监部门归口管理

续表

元素	条款	控制内容	规范要求
2.5 “两票”管理	2.5.6	检查与考核	运行值班室应设立工作票夹，将已开工、已终结、延期等工作票分类存放；设立操作票夹，将待操作、已终结的操作票分类存放，便于交接、查阅
			建立工作票、操作管理台账，记录有关工作信息
			按职责分工，积极开展工作票、操作票动态检查、审查等日常管理工作，管理人员要深入现场检查指导每项工作的措施落实情况，签字确认，发生违章要及时纠正并进行考核
			每月对工作票、操作票执行情况进行统计、分析、做出合格率评价，对存在的问题提出整改建议
	2.5.7	总结与改进	定期对工作票、操作票管理工作进行回顾，总结经验，分析存在的问题，提出整改方案，持续改进
2.6 职业防护	2.6.1	制度和管理流程	制定相关管理制度，健全组织机构，落实管理责任
			制度内容符合国家、行业和集团公司相关要求
			制度中明确管理目标、职责分工、管理流程及管理标准，操作性强，符合企业实际情况
	2.6.2	防护用品的管理	企业应为从业人员提供符合职业健康要求的工作环境和条件，配备必要的职业健康防护设施、器具

续表

元素	条款	控制内容	规范要求
2.6 职业防护	2.6.2	防护用品的管理	各种防护器具应定点存放在安全、便于取用的地方，并有专人负责保管，定期校验和维护
			企业应对现场急救用品、设施和防护用品进行经常性的检维修，定期检测其性能，确保其处于正常状态
			企业应按安全生产费用规定，保证职业健康防护专项费用，定期对费用落实情况进行检查、考核
	2.6.3	防护用品的使用	在现场工作应佩戴安全帽
			高空作业应使用安全带
			在输煤、制粉、锅炉、除灰、脱硫等设备及其系统区域作业的人员应配备防尘口罩等防护用品
			在对眼睛有危害的场所或工作中，应戴护目眼镜
			在磨煤机、碎煤机、排粉机、送风机、给水泵、汽轮机等高噪声设备区域作业的人员应配备耳塞等防护用品
			其他防护用品的使用应符合要求
	2.6.4	职业健康检查	企业应组织开展职业健康宣传教育，安排相关岗位人员定期进行职业健康检查

续表

元素	条款	控制内容	规范要求
2.6 职业防护	2.6.5	检查与考核	按职责分工，积极开展“职业防护”动态检查、审查等日常管理工作，管理人员要深入现场检查指导每项工作的措施落实情况，签字确认，发生违章要及时纠正并进行考核
	2.6.6	总结与改进	定期对职业防护管理工作进行回顾，总结经验，分析存在的问题，提出整改方案，持续改进
2.7 反违章管理	2.7.1	制度与管理流程	制定相关管理制度，健全组织机构，落实管理责任
			制度内容符合国家、行业和集团公司相关要求
			制度中明确管理目标、职责分工、管理流程及管理标准，操作性强，符合企业实际情况
	2.7.2	基础工作	建立反违章工作机制，明确各级组织机构、各级人员的反违章职责，形成分工明确、各尽其责的反违章工作责任体系
			按要求制定落实本企业反违章工作实施细则，并报分(子)公司备案
			建立反违章监督检查标准，明确监督检查的流程、内容、要求，结合生产运行、设备检修、施工改造、隐患排查治理、安全性评价、春秋检等开展定期和专项反违章检查
			编制出各类典型违章和习惯性违章范例名录，作为查处违章的重要依据

续表

元素	条款	控制内容	规范要求
2.7 反违章管理	2.7.2	基础工作	加强安全培训教育，培养员工良好的安全生产习惯，提高员工的反违章意识和自我防护能力
			调动员工反违章的积极性、主动性，营造“安全生产人人有责、遵章守纪人人有责”的氛围
			建立厂、部门（车间）、班组三级员工违章档案，如实记录各级人员的违章事实、违章积分及考核情况
	2.7.3	反违章管理	安全生产保证体系应定期进行班组安全生产承载力评估分析，定期对管辖范围内的各类违章进行统计、分析、整改
			安全生产监督体系应组织开展并严格监督反违章工作，负责反违章工作的考核评估，定期分析通报反违章工作，提出改进措施
	2.7.4	违章考核	实行责任追究制，对违章者及其上级主管领导和部门进行责任追究，对监督监护、检查验收、教育培训等工作不到位的责任人和部门进行连责考核
			对违章人员及其所在部门实行分级考核
			制定具体的违章考核标准，实行违章积分管理制度，对违章者及其连带责任者除给予一定的经济处罚外，还要进行扣分考核
			对违章扣分实行累积、跟踪考核，在一个积分周期内积分达到一定分值时，应给予当事人离岗培训、降岗级或内部待岗等处理

续表

元素	条款	控制内容	规范要求
2.7 反违章管理	2.7.4	违章考核	设立违章通报栏，及时公告企业领导、部门查出的违章及处罚结果，每月对反违章工作进行统计、分析和通报
			对反违章工作开展好的部门（车间）和班组，应予以表彰和奖励
			对反违章工作开展不力、被上级查出违章的部门（车间）和班组，取消当年所有评先选优资格
	2.7.5	外委项目反违章管理	基层企业应将外委项目纳入本单位反违章工作，对外委单位、人员实行无差别管理
			在一个积分周期内个人违章积分达到一定分值的，给予当事人取消现场作业资格、列入黑名单等处罚
			在一个积分周期内，外委单位人员违章积分累计达一定分值的，基层企业应对其处以停工整顿、罚款、列入黑名单等处罚，并将列入黑名单的外委单位报分（子）公司备案
	2.7.6	总结与改进	定期对返违章管理工作进行回顾，总结经验，分析存在的问题，提出整改方案，持续改进
3.1 设备基础管理	3.1.1	制度与管理流程	制定相关管理制度，健全组织机构，落实管理责任
			制度内容符合国家、行业和集团公司相关要求
			制度中明确管理目标、职责分工、管理流程及管理标准，操作性强，符合企业实际情况

续表

元素	条款	控制内容	规范要求
3.1 设备基础管理	3.1.2	设备命名、编号	对所有设备进行命名、编号，设备的名称、编号要有规律性，符合行业习惯
			规定由上级单位或其他客户命名的设备，应以上级单位或其他客户的授名、授号为准
			设备名称、编号的标识应齐全清晰，符合规范
	3.1.3	设备分工	落实设备责任制，对所有设备的运行、维护工作进行分工，职责明确
	3.1.4	设备台账	建立设备台账，内容包括设备安装日期、铭牌上内容、主要配件的规格、材质等，实现设备管理的规范化
	3.1.5	技术资料	设备的技术档案(产品技术文件、图纸、安装调试及预防性试验报告等)、音像资料应齐全，并且内容完整
			大小修及重大设备改造相关技术资料、文件应及时归档
	3.1.6	总结与改进	定期对设备基础管理工作进行回顾，总结经验，分析存在的问题，提出整改方案，持续改进
3.2 运行与监视	3.2.1	制度与管理流程	制定相关管理制度，健全组织机构，落实管理责任
			制度内容符合国家、行业和集团公司相关要求
			制度中明确管理目标、职责分工、管理流程及管理标准，操作性强，符合企业实际情况

续表

元素	条款	控制内容	规范要求
3.2 运行与监视	3.2.2	规程与台账	根据法律、法规、行业标准、产品说明及设备系统实际情况，编制现场规程（如调度规程、运行规程、检修规程、消防规程、试验规程等），严格履行审批手续，并按周期修订
			绘制系统图册，与实际设备系统相符
			将有关安全生产规程（包括外部、内部的）、图纸发放到相关岗位
			设立各类运行记录和现场台账，详细记录相关工作
	3.2.3	调度指挥	生产指挥坚持垂直、逐级管理的原则，生产调度以值长为中心，值长负责与当值的电网调度联系、接受指令、进行运行策划、下达值长令并组织实施
			非当值运行人员未得到当值值长的准许不得操作运行设备
			操作者有违反各项技术标准行为时，各级管理人员、专业技术管理人员有权进行制止
			企业领导、运行部门领导、总值长应监督值长事故处理的正确性，必要时给予相应的指导
			事故发生后，值长要尽快报告调度部门和公司有关领导，事故处理结束后，应主动汇报情况，向有关部门提供原始资料，做好事故征兆、经过及处理的详细记录

续表

元素	条款	控制内容	规范要求
3.2 运行与监视	3.2.4	设备启停	设备(系统、机组)的启、停操作按调度命令和运行规程要求进行
			启动设备(系统、机组)前应确认现场工作全部结束,相关工作票已终结,设备(系统)完整,符合启动条件
			长期停、备用的设备,应采取适当的保护措施
	3.2.5	运行方式	根据企业运行实际情况,制定合理的全厂设备特别是公用系统运行方式
			在采取异常运行方式时,应制定并落实相应的安全措施、技术措施和组织措施
			运行方式变更前,要对运行方式变更及异常运行方式进行风险评价并与相关外部进行沟通协调
	3.2.6	监视与调整	设备(系统、机组)正常运行时,各项保护、在线监测、自动调节全部正常投入,各种声光报警设备正常
			设备(系统、机组)正常运行时,应按运行规程规定的参数控制范围对系统及设备进行监控调整
			应通过现场查看、听声、测量、参数分析等手段,判断和分析设备的运行状况,保持设备的结构完整和性能优良
			加强对标管理,实现运行机组(系统、设备)的安全、经济、可靠、在控

续表

元素	条款	控制内容	规范要求
3.2 运行与监视	3.2.7	运行分析	值班人员应根据值班期间内外部条件变化情况、运行方式、工质参数变化趋势积极进行岗位分析
			运行管理人员针对上个月发生的异常情况和机组运行的经济指标进行定期分析并做好记录
			运行管理人员根据现场的异常现象、设备上存在的问题或其他发电企业发生的事故或异常情况，进行有针对性的专题分析并做好记录
	3.2.8	异常（事故）处理	值班人员根据设备运行工况、设备缺陷及气候等外部条件变化情况，做好有针对性的事故预想
			做好厂房及设备的防寒、防冻、防潮、防水、防火工作
			如出现异常情况，应按运行规程和有关技术措施进行正确分析和处理，并做好记录
			发生较大异常或事故时，应立即启动应急预案，组织处理，并做好汇报和记录工作
	3.2.9	总结与改进	定期对设备的运行和监视管理工作进行回顾，总结经验，分析存在的问题，提出整改方案，持续改进
3.3 巡回检查管理	3.3.1	制度与管理流程	制定相关管理制度，健全组织机构，落实管理责任
			制度内容符合国家、行业和集团公司相关要求
			制度中明确管理目标、职责分工、管理流程及管理标准，操作性强，符合企业实际情况

续表

元素	条款	控制内容	规范要求
3.3 巡回检查管理	3.3.2	标准与方法	明确每个岗位的巡视路线、巡视时间、巡视设备、巡视方法和巡视标准
			明确每类设备的检查项目、标准参数范围和预警值
			明确监视参数达到预警值和报警值的汇报程序和现场处理方法
	3.3.3	执行与记录	认真执行巡回检查制度，严格按规定路线、规定时间、规定项目进行并做好记录，逐渐积累巡检经验
			对巡回检查中发现的问题进行汇报、分析，并做记录
			如发现较大的设备隐患，应立即汇报值长，并按运行规程进行处理
			如发现危及人身安全的重大隐患时，可以先采取措施，后进行汇报
	3.3.4	检查与考核	安全监督人员和有关生产管理部门应对巡回检查质量进行监督、检查、考核
	3.3.5	总结与改进	定期对设备巡回检查管理工作进行回顾，总结经验，分析存在的问题，提出整改方案，持续改进
3.4 定期切换(试验)管理	3.4.1	制度与管理流程	制定相关管理制度，健全组织机构，落实管理责任
			制度内容符合国家、行业和集团公司相关要求
			制度中明确管理目标、职责分工、管理流程及管理标准，操作性强，符合企业实际情况

续表

元素	条款	控制内容	规范要求
3.4 定期切换(试验)管理	3.4.2	标准与方法	明确每个切换(试验)的项目、周期、方法、标准
			明确重大(危险)项目的组织、技术和安全措施
			要建立设备定期轮换与试验台账
	3.4.3	准备工作	设备定期工作开始前,要认真开展危险点分析和采取预控措施,做好事故预想
			对重要设备的定期工作及重要试验,严格执行监护制度
			如需调度部门同意的定期工作(试验)在执行前,应征得调度部门同意
	3.4.4	执行与记录	按照规定的周期、项目和方法进行切换(试验)工作
			完整、准确地记录设备定期轮换与试验工作的执行情况
			对设备定期轮换和试验中发现的问题应及时登记并联系处理
			如在切换(试验)中发现重大缺陷,可能造成设备(系统)异常,或发生事故时,应立即汇报相关领导,采取措施,做好预案
			对不能按期完成的项目应经相关管理人员批准,并做好记录
	3.4.5	检查与考核	相关部门应对设备定期轮换与试验工作进行检查、统计,落实责任,兑现考核
	3.4.6	总结与改进	定期对定期切换(试验)管理工作进行回顾,总结经验,分析存在的问题,提出整改方案,持续改进

续表

元素	条款	控制内容	规范要求
3.5 点检管理	3.5.1	制度与管理流程	制定相关管理制度，健全组织机构，落实管理责任
			制度内容符合国家、行业和集团公司相关要求
			制度中明确管理目标、职责分工、管理流程及管理标准，操作性强，符合企业实际情况
	3.5.2	体制建设	新(扩)建发电企业应建立与点检定修制管理相应的组织管理体系。对已投入生产运行的机组，可以在选择试点、不断完善的基础上逐步建立点检定修管理体制
			新(扩)建发电企业除配备少量设备管理人员及仪控、电气检修人员外，原则上不配备大修队伍，设备和检修管理采用点检定修制
			火力发电企业一般按汽轮机、电气、锅炉、仪控、燃料等专业划分，化学、除灰、脱硫、脱硝、土建、消防等专业可按发电企业实际情况并入上述专业
			点检人员的岗位设置应根据企业规模、机组容量，以工作量饱满和均衡为原则决定点检人员的具体配置，一般每专业设专业主管 1 人，点检员若干人
	3.5.3	标准与方法	点检工作标准，主要包括各级人员岗位工作标准、各专业点检区域划分、各专业设备点检路线标准等
			点检管理标准，应包括点检标准、点检计划的编制和实施、点检实绩的记录和分析、点检工作台账等
			点检技术标准，一般包括点检部位、点检项目、点检内容、点检周期、点检方法和管理值等

续表

元素	条款	控制内容	规范要求
3.5 点检管理	3.5.4	点检实施	按照已经制定的标准和制度，开展相应的专业点检，主要做好检查、记录、分析、处理、改进等五个方面的工作
			积极应用各种成熟的在线或离线设备状态诊断和检测技术
	3.5.5	信息化管理平台建设	设备点检定修管理应建立完整的点检信息统计和分析系统，科学地利用离线和在线采集的数据进行统计分析，有条件的企业应建立点检定修信息化管理平台
			建立设备管理信息系统，并不断发展和完善，实现信息、数据和资源的共享
	3.5.6	培训和考核	点检人员的培训应分阶段、按计划实施，培训内容应包括以下方面：设备点检的概念、设备点检员的职责和工作范围、设备点检作业指导书、设备管理专业基础、工程概预算、工程合同管理等知识、现场实习等
			企业应制定相应的制度，对点检人员的业绩进行定期考核，并按业绩进行奖惩
	3.5.7	总结与改进	定期对设备点检管理工作进行回顾，总结经验，分析存在的问题，提出整改方案，持续改进
3.6 缺陷管理	3.6.1	制度与管理流程	制定相关管理制度，健全组织机构，落实管理责任
			制度内容符合国家、行业和集团公司相关要求
			制度中明确管理目标、职责分工、管理流程及管理标准，操作性强，符合企业实际情况

续表

元素	条款	控制内容	规范要求
3.6 缺陷管理	3.6.2	缺陷发现	运行人员根据相关制度，在接班检查、日常巡检和其他工作过程中及时发现设备缺陷
			点检人员和设备维护人员根据相关制度，在日常点检及其他工作过程中及时发现设备缺陷
	3.6.3	缺陷录入或通知	发现设备缺陷后，应及时录入设备缺陷管理系统（或填写缺陷登记本）
			对于直接影响设备（系统、机组）安全运行的设备缺陷和设备异常应及时采取措施，并进行联系、汇报
	3.6.4	缺陷的分类和消缺策划	设备管理人员（点检员）应及时对缺陷进行分类，并根据缺陷类别，布置消缺工作
			消缺人员及时准备好缺陷处理需要的工具和材料、备件
			根据缺陷的类别、类型、对机组运行的影响情况，按规定及时向上级单位或调度部门汇报
	3.6.5	缺陷处理与验收	对发现的缺陷应进行及时处理和消除
			缺陷处理后，运行、检修和点检应到现场三方确认，必要时经试运验证
	3.6.6	缺陷变更与消缺延期	对于确实不能按规定及时消除的缺陷，需变更缺陷类型或延期消缺，应按规定经过相关职能部门的确认

续表

元素	条款	控制内容	规范要求
3.6 缺陷管理	3.6.6	缺陷变更与消缺延期	对需要停机或停辅机处理的缺陷，应制定保证安全的组织措施和技术措施
			对需要进行设备重大改造才能恢复正常运行的缺陷，要列入年度技术改造和检修计划中，并提前做好可行性研究方案
	3.6.7	统计和分析	定期对缺陷进行统计分析
			对重复发生的缺陷应从材质、检修工艺、运行参数、日常监控等方面进行分析，并提出有效的处置方案
			对设有在线监测的设备、系统，缺陷发生后，对趋势作出分析，提出改进措施
			对缺陷的重复发生率、消缺率及时进行统计，落实考核
	3.6.8	总结与改进	定期对缺陷管理工作进行回顾，总结经验，分析存在的问题，提出整改方案，持续改进
3.7 测量、控制与保护	3.7.1	制度与管理流程	制定相关管理制度，健全组织机构，落实管理责任
			制度内容符合国家、行业和集团公司相关要求
			制度中明确管理目标、职责分工、管理流程及管理标准，操作性强，符合企业实际情况

续表

元素	条款	控制内容	规范要求
3.7 测量、控制与保护	3.7.2	投退	测量、控制与保护(包括继电保护、热工保护)装置必须随主设备准确、可靠投入运行,严禁主设备无保护运行
			主设备重要保护的退出需经总工程师(生产副总经理)批准;由电网调度部门管辖的设备系统,投退工作按调度命令执行
			重要保护退出后,须制定相应的防范事故和异常发生的组织措施和技术措施
			运行值班处设保护装置投退记录本,对保护系统的状态更改做好记录
	3.7.3	定值	保护装置应按技术规程的规定定期校验,有关的调校记录和试验报告需要填写正确、保存完好
			保护定值(包括重要控制参数)应以书面形式下达,并履行计算、校核、审批手续
			重要控制系统(包括自动装置)参数的更改,应履行审批手续,DCS 系统参数的管理应实行分级授权
			任何工作人员都不得擅自更改保护定值,不得擅自在软件上强制或改动保护硬接线
			测量、控制、保护装置及回路的技改工作,应制定详细的技术方案,履行审批手续;调度管辖的保护还需得到调度部门的批准

续表

元素	条款	控制内容	规范要求
3.7 测量、控制与保护	3.7.4	异常处理	主设备保护在运行中发生异常或故障时，运行人员应加强监视，采取措施，防止事态扩大，并及时通知检修人员处理
			保护动作后，及时汇报，分析动作原因，做好相关记录
	3.7.5	总结与改进	定期对设备的测量、控制、保护管理工作进行回顾，总结经验，分析存在的问题，提出整改方案，持续改进
3.8 设备检修管理	3.8.1	制度与管理流程	制定相关管理制度，健全组织机构，落实管理责任
			制度内容符合国家、行业和集团公司相关要求
			制度中明确管理目标、职责分工、管理流程及管理标准，操作性强，符合企业实际情况
	3.8.2	管理总则	检修工作贯彻“安全第一，预防为主，综合治理”的方针，坚持“应修必修、修必修好”的原则，执行《质量管理体系　要求》(GB/T 19001—2008)，推行标准化作业，实行工程监理和竣工验收制度，以实现机组检修后长周期安全、稳定、经济、环保运行
			各类机组、各级检修的检修间隔、检修停机时间、检修项目确定、检修工期计划、检修费用按集团公司要求进行
			逐步完善设备监测点，在定期检修的基础上，逐步扩大状态检修设备的比重，循序渐进地开展状态检修工作
			鼓励基层企业采用合同能源管理模式实施技术改造，以加快提高设备安全经济环保性能

续表

元素	条款	控制内容	规范要求
3.8 设备检修管理	3.8.3	检修基础管理	根据有关的规程制度，结合本企业具体情况制定检修质量标准、工艺方法、验收制度、设备缺陷管理、设备异动和各项技术监督管理制度
			编制机组检修文件包，包括检修项目工艺卡（工序、工艺方法、工艺质量标准、施工记录表单、验收签证）、检修项目的技术措施、安全措施及组织措施
			建立设备检修台账及时记录设备检修情况，加强技术档案管理工作，要收集和整理设备、系统原始资料，实行分级管理
			加强对检修工具、机具、仪器的管理，按照有关管理规定对工器具进行定期的检查和校验
			做好材料和备品备件的管理工作，编制设备检修项目的备品备件定额，合理安排备品备件的到货日期，既要满足检修的工期要求，又要减少库存资金的占用量，提高资金的周转率，并做好备品备件国产化
			建立和健全大修工时、材料消耗和费用统计制度，编制并不断完善设备定期检修的工时和费用定额，使定期检修工作逐步规范化
	3.8.4	检修开工前准备	针对机组设备的运行情况、存在的缺陷和最近一次 C、D 级检修检查结果，结合上次 A、B 级检修总结进行现场查对。按照检修计划确定检修的重点项目，制定符合实际的对策和措施，并做好有关的设计、试验（修前机组的性能试验）和技术鉴定工作

续表

元素	条款	控制内容	规范要求
3.8 设备检修管理	3.8.4	检修开工前准备	落实物资(包括备件、材料、安全用具、专用工具及实施机具等)的准备和检修施工场地布置;对在大修中使用的起重设备、运输设备、施工机具、专用工具、安全用具、试验设备按照规程检查和相关试验
			制定施工安全措施、技术措施和组织措施
			准备好检修文件包
			确定需测绘和校核的备品配件加工图
			制定实施检修计划的网络图和施工进度表
			组织检修人员学习,讨论检修计划、项目、进度措施及质量要求,并做好特殊工种的安排,确定检修项目的施工和验收负责人
			检修开工前 20 天,应完成所有计划检修项目外包施工合同的签订工作
			机组 A、B 级检修开工前一周应向集团公司、分(子)公司填报“检修开工报告单”
			各级检修结束三日之内,基层企业应向集团公司、分(子)公司填报“检修竣工报告单”

续表

元素	条款	控制内容	规范要求
3.8 设备检修管理	3.8.5	检修进度	制定A、B级检修进度计划时，应采用网络图的方法统筹规划和管理检修的进度，协调各专业间的相互关系
			要随时掌握各专业检修工作的进展情况，对主线工期的工作进行跟踪分析，及时修正控制进度，并通知各专业共同掌握
			每周向集团公司汇报机组A级检修工作进展情况。检修中发现重大设备问题（如受热面大面积腐蚀、汽轮机叶片裂纹、大轴弯曲等重大缺陷），应立即向集团公司、分（子）公司汇报并制定解决方案，如果问题影响到检修的工期，应及时申请延期
	3.8.6	检修安全管理	检修过程中，必须坚持“安全第一”的生产方针，明确安全责任，健全检修安全管理制度，切实执行国家和行业的有关安全标准及规范、规定，做到检修安全的全员、全过程管理，全方位控制
			实现如下安全目标： 1. 不发生轻伤及以上人身事故； 2. 不发生设备损坏事故； 3. 不发生检修现场火灾事故； 4. 杜绝无工作票作业； 5. 工作票、操作票合格率达到100%； 6. 不发生环境污染事件； 7. 安全性评价问题整改计划完成率达到100%

续表

元素	条款	控制内容	规范要求
3.8 设备检修管理	3.8.7	检修质量管理	检修工作执行 GB/T 19001《质量管理体系　要求》，实行全过程管理，推行标准化作业。在 A、B 级检修中推行检修监理制度，以加强对检修质量的监督和考核
			检修人员必须在检修过程中严格执行检修工艺和质量标准
			质量检验实行检修人员自检和验收人员检验相结合、共同负责的办法
			检修过程中必须严格按照质量计划中制定的“W”“H”点执行质量验收
			验收人员必须深入检修现场，调查研究，随时掌握检修情况，不失时机地帮助检修人员解决质量问题，工作中应坚持原则，坚持质量标准，认真负责地做好质量验收工作
	3.8.8	检修监理	300 MW 及以上火电和 100 MW 及以上水电进行 A 级外委检修的机组，必须实行监理制
			机组大修和重大特殊项目的监理，原则上通过招标的方式择优选定监理单位并实行合同制，监理费用在修理费用中列支
			各基层企业确定实施机组大修和重大特殊项目监理制后，要健全明确监理的管理机构，制定监理程序，明确监理和被监理双方的工作内容与职责，做好各项监理的管理工作
			监理单位要对项目的投资、进度、质量、安全进行监控；对项目的合同和信息进行管理；对项目的实施依据法律、法规和合同条件，协调参与检修各单位之间的工作关系

续表

元素	条款	控制内容	规范要求
3.8 设备检修管理	3.8.9	外包工程	检修力量或技术水平确实不能满足检修要求时，可选择外包。设备检修维护外包工作按照国家、行业、集团公司相关《招标管理办法》及《委托生产运营管理办法》执行
			制定严格的外包工程管理规定，内容至少包括立项程序、招议标规定、承包商资质审查规定、合同管理规定、技术管理及质量控制规定、安全管理规定等
			尽可能地减少外包队伍的数量，方便生产管理
			承包方应具有与承包工程相适应的资质、业绩，有完善的质量保证体系和质量监督体系，企业在选择承包方时应按有关规定通过招投标方式择优确定
			加强对外包工程的合同管理，对合同的项目、费用、时效、安全和技术文件进行全面的审定，在项目开工之前必须签订正式的合同文件，否则不得开工
			从项目立项开始，明确对外包工程管理的技术负责人和质量验收人，对项目实行全过程质量管理，杜绝“以包代管”； 编写“外包工程质量控制文件包”，并作为招标的技术文件
			按承包商及外委工程管理流程对外包工程进行安全管理
			企业在提交检修工作总结时，应同时提交外包工程总结，内容包括外包项目、工时、费用、承包商及效果评价等

续表

元素	条款	控制内容	规范要求
3.8 设备检修管理	3.8.10	检修总结	A、B级检修后7天之内应有简短文字整体评价
			A、B级检修后30天内写出检修总结报集团公司、分(子)公司
			A、B级检修后及60天内完成整体热效率试验并提供报告
			机组复役后应进行检修评价与总结,检修技术资料应及时归档
	3.8.11	总结与改进	定期对设备检修管理工作进行回顾,总结经验,分析存在的问题,提出整改方案,持续改进
3.9 特种设备管理	3.9.1	制度与管理流程	制定相关管理制度,健全组织机构,落实管理责任
			制度内容符合国家、行业和集团公司相关要求
			制度中明确管理目标、职责分工、管理流程及管理标准,操作性强,符合企业实际情况
	3.9.2	设备选购、安装	根据实际需要对特种设备进行选型
			设备到货后,要组织验收,确保有关的安全技术资料、说明书、合格证等齐全
			审查安装单位资质符合要求,审查安装队伍的施工组织方案、安装程序、安全技术措施符合要求
			安装完毕后,必须经特种设备检验检测机构进行安装验收合格,取得《安全使用许可证》

续表

元素	条款	控制内容	规范要求
3.9 特种设备管理	3.9.3	设备建档、备案	建立各类特种设备(锅炉、压力容器(含气瓶)、压力管道、起重设备、电梯、厂内机动车辆)清册
			审查特种设备设计文件、制造单位资质材料、产品质量合格证明、使用维护说明、安装技术文件等资料齐全
			登记标志应附着于特种设备的显著位置
			投入使用30日内,向地方特种设备安全监督管理部门登记备案
			建立日常使用状况记录、日常维护保养记录、运行故障和事故记录
	3.9.4	人员培训	组织培训,实现特种作业人员持证上岗
			按时完成持证人员定期再培训
	3.9.5	定期检定、检验	按照规定周期进行检验,未经定期检验或经检验不合格严禁继续使用
	3.9.6	日常维护	按规定周期进行自行检查和日常维护保养
			对特种设备的安全附件、安全保护装置、测量调控装置及有关附属仪器仪表应进行定期校验,检修记录应齐全
			电梯的日常维护保养应由取得许可的单位或者电梯制造单位进行,每15日应进行一次清洁、润滑、调整和检查

续表

元素	条款	控制内容	规范要求
3.9 特种设备管理	3.9.7	报废	特种设备存在严重事故隐患，无改造、维修价值，或者超过安全技术规范规定使用年限，要及时予以报废
			特种设备报废，应及时向原登记的特种设备安全监督管理部门办理注销
	3.9.8	总结与改进	定期对特种设备管理工作进行回顾，总结经验，分析存在的问题，提出整改方案，持续改进
3.10 危化品管理	3.10.1	制度与管理流程	制定相关管理制度，健全组织机构，落实管理责任，构成重大危险源的危化品应按规定纳入重大危险源管理
			制度内容符合国家、行业和集团公司相关要求
			制度中明确管理目标、职责分工、管理流程及管理标准，操作性强，符合企业实际情况
	3.10.2	储存、运输、使用	危险化学品储存、运输、使用等各个环节应取得相关部门的许可
			仓库、应急设施的设置要按照符合国家标准对安全、消防的要求进行
			仓库及储存地点应设置明显标志
			定期检测危险化学品专用仓库的储存设备和安全设施

续表

元素	条款	控制内容	规范要求
3.10 危化品管理	3.10.3	危险化学品标识	在易燃易爆、有毒有害场所的适当位置张贴警示标志和告知牌
			在醒目位置设置公告栏，公布有关职业危害防治的规章制度、操作规程、职业危害事故应急救援措施和工作场所职业危害因素检测结果
			在维修、施工、吊装等作业现场设置警戒区域和警示标志
	3.10.4	剧毒物品	剧毒化学品的储存、使用部门应如实记录剧毒化学品的流向、储存量和用途
			剧毒化学品以及储存数量构成重大危险源的其他危险化学品应在专用仓库内单独存放，并实行双人收发、双人保管制度
	3.10.5	放射源	电离辐射及放射源防护设施应符合要求
			应建立完整的放射源档案
			应依照规定办理使用放射性同位素和射线装置的登记手续并取得许可证
			配备必要的防护用品和监测仪器，并制定辐射事故的应急措施
			同位素的包装容器、含放射性同位素的设备、射线装置应设置明显的放射性标识和中文警示说明

续表

元素	条款	控制内容	规范要求
3.10 危化品管理	3.10.6	氨站	运行检修人员定期巡查，熟悉液氨系统设备渗漏的薄弱点；及时发现渗漏缺陷并处理
			熟悉并掌握储罐、蒸发器、缓冲罐、管道、安全阀、控制阀、隔离阀、接卸氨等重要设备系统的性能和健康状况
			定期对液氨储罐、蒸发器、缓冲罐等压力容器进行检验，确保设备合格
			氨泄漏报警仪、报警装置布置合理，并定期检验，确保设备合格
	3.10.7	出入库	危险化学品出入库，应进行核查登记
			存有危险化学品(尤其是剧毒品)的实验室、库房，进出人员应严格执行制度要求
	3.10.8	危害告知	应以适当、有效的方式对从业人员及相关方进行宣传，使其了解企业生产过程中的危险化学品的特性和预防及应急处理措施，降低或消除危害后果
	3.10.9	人员培训	有关人员学习、了解危化品及相关管理的相关知识，熟悉基本要求
			编制与更新危险化学品清册，并将安全数据信息融入作业指导书
			根据生产工艺、技术、设备特点和原材料、辅助材料、产品的危险性，编制岗位安全操作规程并发放到有关的工作岗位

续表

元素	条款	控制内容	规范要求
3.10 危化品管理	3.10.10	事故与应急	建立应急指挥系统并实行分级管理，应明确应急指挥系统的职责
			发生生产安全事故后，应迅速启动应急救援预案，积极抢救，妥善处理，以防止事故的蔓延扩大
	3.10.11	总结与改进	定期对危化品管理工作进行回顾，总结经验，分析存在的问题，提出整改方案，持续改进
3.11 工器具与劳动防护用品	3.11.1	制度与管理流程	制定相关管理制度，健全组织机构，落实管理责任
			制度内容符合国家、行业和集团公司相关要求
			制度中明确管理目标、职责分工、管理流程及管理标准，操作性强，符合企业实际情况
	3.11.2	需求识别与购置	根据生产工作性质与可能的危害，识别各岗位防止危害所需要的安全工器具与劳动防护用品
			购置的安全工器具和劳动防护用品，具有相关的质量合格证明、使用说明等资料
			特种劳动防护用品，必须具有“三证一标志”，即生产许可证、产品合格证、安全鉴定证和安全标志
	3.11.3	培训与使用	建立各类安全工器具与劳动防护用品清册，并分类编号，实物与台账的编号要一致

续表

元素	条款	控制内容	规范要求
3.11 工器具与劳动防护用品	3.11.3	培训与使用	按岗位类别下发安全工器具和劳动防护用品
			对使用人员进行安全工器具和劳动防护用品的相关培训，并做记录
			电动工器具配置的安全防护、保护装置应保持良好，并应配备安全操作规定
			手持、移动式电动工具的使用必须接有合格的漏电保护器，漏电保护器必须每年进行一次检验
	3.11.4	存放与定期检验	工器具与劳动防护用品的存放应符合相关要求
			工器具和防护用品应按《电业安全工作规程》或《电力安全工器具预防性试验规程》规定的试验周期、方法、要求和标准进行检验
			在使用前，对工器具和防护用品应做外观检查，必要时进行试验
			所有检验不合格的工器具不得继续使用
	3.11.5	报废	经检验试验不合格的工器具和劳动防护用品，要严格执行报废制度进行报废
	3.11.6	检查与考核	安全监督部门应对新购置的产品进行审查和验收
			使用部门管理人员及安全监督部门定期对工器具及劳动防护用品进行检查
			使用部门管理人员及安全监督部门对员工使用工器具及劳动防护用品的情况进行监督、检查和考核
	3.11.7	总结与改进	定期对工器具和劳动防护用品管理工作进行回顾，总结经验，分析存在的问题，提出整改方案，持续改进

续表

元素	条款	控制内容	规范要求
3.12 可靠性管理	3.12.1	制度与管理流程	制定相关管理制度，健全组织机构，落实管理责任
			制度内容符合国家、行业和集团公司相关要求
			制度中明确管理目标、职责分工、管理流程及管理标准，操作性强，符合企业实际情况
	3.12.2	可靠性统计与分析	可靠性信息统计包括了主机、辅助设备、输变电设备
			可靠性信息统计、分析按月度、季度、年度进行，内容要全面、准确
			可靠性分析中指出设备存在的和不断变化的危险因素及其发生规律
	3.12.3	可靠性评价	根据统计、分析材料，进行设备可靠性评价，并编写评价报告。可靠性分析评价执行《发电设备可靠性评价规程》《输变电设施可靠性评价规程》等相关行业标准的规定
			可靠性评价按月度、季度、年度进行
			可靠性评价对设备的安全情况进行“定性”和“分级”，得出结论
	3.12.4	指导生产再循环管理	通过可靠性分析和评价，发现设备的薄弱环节和安全隐患，对设备管理工作提出指导性意见
			落实可靠性分析和评价中提出的设备整改意见
			设备整改之后，应进行可靠性再统计、再分析、再评价

续表

元素	条款	控制内容	规范要求
3.12 可靠性管理	3.12.5	信息发布	企业可靠性信息管理系统运行正常
			可靠性数据信息及时、准确、完整，按期进行
	3.12.6	总结与改进	定期对可靠性管理工作进行回顾，总结经验，分析存在的问题，提出整改方案，持续改进
3.13 备品配件管理	3.13.1	制度与管理流程	制定相关管理制度，健全组织机构，落实管理责任
			制度内容符合国家、行业和集团公司相关要求
			制度中明确管理目标、职责分工、管理流程及管理标准，操作性强，符合企业实际情况
	3.13.2	储备与定额管理	物资储备应实行定额管理，库存占用资金不能超出定额
			分工储备、联合储备应按照要求及时储备，并进行资金筹集、划拨
			设备检修工器具、事故备品、易损配件和消耗性材料储量应满足安全运行需求
	3.13.3	计划、采购管理	编制备品配件供应计划，计划的审批流程应规范
			采购金额达到一定数额，要按照“招标管理办法”进行招标，订立合同；对未达到招标条件的物资采购，要进行市场询价，货比三家

续表

元素	条款	控制内容	规范要求
3.13 备品配件管理	3.13.3	计划、采购管理	物资采购应选择资质合格的供应商，备品配件的供应商应具有集团公司供应商网络成员的资格
			招标文件的发布须得到企业法律负责部门的认可，企业法律、审计、财务、监察部门要参加招标评标活动的全过程管理
			备品配件的采购必须签订购销合同
	3.13.4	验收与资料管理	物资到货后要及时组织相关人员严格按照“四验”（即验品种、验规格、验质量和验数量）进行验收，要妥善保管验收资料
			应对备品配件的图纸、资料进行审核和归档
	3.13.5	备品配件仓储	物资保管账应及时、准确地进行登记，并随时动态反映入库、出库、结存等真实数据
			做好入库备品配件的质量和数量验收，并将技术图纸、产品说明书、产品合格证、质量证明等技术资料进行归档
			物资摆放应按照“四号定位、五码摆放”要求实施，对备品配件要进行定期保养和定期盘点
			物资出库时，要严格执行领用制度
			要严格执行退库程序

续表

元素	条款	控制内容	规范要求
3.13 备品配件管理	3.13.5	备品配件仓储	定期进行现货盘点和重点现货盘点，创建差异报告
			物资拆件管理要严格执行审批程序
			仓库安全、消防管理要符合要求
	3.13.6	废旧物资管理	制定废旧物资管理规定，执行规范，记录齐全
	3.13.7	总结与改进	定期对配品备件管理工作进行回顾，总结经验，分析存在的问题，提出整改方案，持续改进
3.14 技术监督管理	3.14.1	制度与管理流程	制定相关管理制度，健全组织机构，落实管理责任
			制度内容符合国家、行业和集团公司相关要求
			制度中明确管理目标、职责分工、管理流程及管理标准，操作性强，符合企业实际情况
	3.14.2	基础工作	建立健全技术监督组织机构，成立以生产副总经理（总工程师）为组长的技术监督领导小组，组建专业技术监督网，建立公司（厂）、部门（车间）、班组各级岗位的技术监督责任制，明确专责人员，落实技术责任
			制定落实各项技术监督工作计划，检查、总结、考核企业的技术监督工作
			定期组织召开企业技术监督工作会议，总结、交流技术监督工作经验，通报技术监督工作信息

续表

元素	条款	控制内容	规范要求
3.14 技术监督管理	3.14.2	基础工作	按有关技术监督管理工作的要求，建立相应的试验室和计量标准室，配备必要的技术监控、检验和计量设备、仪表。技术监控测试和计量标准器具、仪表必须按规定进行校验和量值传递
			建立健全电力建设生产全过程技术档案，技术资料应完整和连续，并与实际相符。基建工程移交生产时，工程建设单位应及时移交工程建设中的设备制造、设计、安装、调试过程的全部档案和资料
			组织开展技术监督专业培训，提升专业人员技术素质，提高技术监督水平
	3.14.3	监督内容	绝缘监督：电气一次设备绝缘性能，防污闪，过电压保护及接地
			电测监督：各类电测量仪表、装置、变换设备及回路计量性能及其量值传递和溯源；电能计量装置计量性能；电测量计量标准；上述设备电磁兼容性能
			继电保护及安全自动装置监督：电力系统继电保护和安全自动装置及其投入率、动作正确率；直流系统；上述设备电磁兼容性能
			励磁监督：发电机励磁系统性能及指标、整定参数和运行可靠性
			节能监督：发电设备及辅助系统的效率、能耗
			环保监督：污染物排放，环境噪音；环保设施
			金属监督：高温金属部件，承压容器和管道及部件；旋转部件金属母材和焊缝；水工金属结构

续表

元素	条款	控制内容	规范要求
3.14 技术监督管理	3.14.3	监督内容	化学监督：水、汽、油(气)、燃料质量；热力设备腐蚀、结垢及积盐状况；热力设备停(备)用期间防腐蚀保护；水处理材料质量；热力设备化学清洗质量；化学仪器仪表
			热工监督：各类热工测量仪表、装置、变换设备及回路计量性能及其量值传递和溯源；热工计量标准；分散控制系统(DCS)；热工自动调节系统[含自动发电控制系统(AGC)及一次调频]及其性能；热工保护装置
			电能质量监督：频率和电压质量
			水工监督：水电站水库，大坝、引(泄)水建筑物及其基础，两岸边坡，闸门；火电厂灰坝、引(排)水设施
			汽(水)轮机监督：轴系振动特性，叶片特性，调节保安系统特性
	3.14.4	日常监督工作	掌握本企业设备的运行、检修和缺陷情况，定期进行统计、分析，及时消除设备隐患
			认真记录各项技术监督数据，建立、健全设备的各项技术监督档案，按时报送技术监督工作的有关报表
			参加本企业新建工程的设计审查、设备选型、监造、安装、调试、试生产阶段的技术监控管理和质量验收工作

续表

元素	条款	控制内容	规范要求
3.14 技术监督管理	3.14.4	日常监督工作	结合年度大、小修和技术改造工程，制定本企业的技术监控管理工作计划，检查计划的执行情况
			每月对各种监测、检验、试验数据进行历史的、综合的比较、分析，发现问题，提出处理措施
	3.14.5	监督报告	每月7日前，对技术监督项目、指标完成情况及技术监督信息按规定格式和要求上报分(子)公司审核并报技术监督中心
			每年1月15日前应将上一年技术监督工作总结报各分(子)公司、技术监督中心
			每年12月1日前应将下一年的技术监督工作计划报各分(子)公司、技术监督中心
	3.14.6	监督告警	对发生的一般告警和重要告警应及时填写《技术监督告警报告单》，报技术监督中心、分(子)公司及集团公司
			对技术监督告警问题，要进行风险评价，制定必要的应急预案、整改计划，责任到人，完成整改，闭环管理
	3.14.7	验收签字	建立健全设备质量全过程监督的验收、签字制度
			对质量不符合规定要求的设备材料以及安装、检修、改造等工程，技术监督人员有权拒绝签字，并可越级上报
			所有技术监督试验报告、缺陷处理报告、事故分析报告、指标报表等实行审核、批准签字制度

续表

元素	条款	控制内容	规范要求
3.14 技术监督管理	3.14.8	监督例会	发电企业每季度召开1次技术监督工作会，检查技术监督工作计划落实情况
			按时参加集团公司组织的各专业技术监督工作会议，贯彻落实集团公司技术监督工作会议精神，总结交流专业技术监督工作
	3.14.9	评价与整改	认真开展技术监督自查自评，抓好本企业技术监督检查评价问题的整改
			配合技术监督中心专家组(或受委托的其他单位)开展技术监督检查评价工作
			针对技术监督评价组检查出的问题，制定整改计划，闭环管理
	3.14.10	总结与改进	定期对技术监督工作进行回顾，总结经验，分析存在的问题，提出整改方案，持续改进
3.15 技术改造管理	3.15.1	制度与管理流程	制定相关管理制度，健全组织机构，落实管理责任
			制度内容符合国家、行业和集团公司相关要求
			制度中明确管理目标、职责分工、管理流程及管理标准，操作性强，符合企业实际情况
	3.15.2	可行性研究及项目审批	技术项目实施前进行多方案技术和经济比较，开展可行性研究并提出报告
			按程序上报项目审批部门审查批准

续表

元素	条款	控制内容	规范要求
3.15 技术改造管理	3.15.3	概(预)算管理	编制概(预)算,按编制的概(预)算进行控制使用费用,调整总概(预)算时,提出书面申请,经审批部门审查批准后执行
			概(预)算中的预备费,经主管部门批准后使用
	3.15.4	招投标	按有关要求进行设计单位、设备、施工队伍、监理单位、调试单位招标
	3.15.5	开工准备	项目应落实项目负责人
			项目开工前编制安全组织措施和安全技术措施以及施工方案
			限额以上项目开工前填报开工报告,由国家有关部门或上级单位批准
			限额以上项目开工前向审批部门编报工程月度技改项目用款计划
	3.15.6	施工与控制	限额以上技术改造项目应实行监理制
			监理单位应对项目的投资、进度、质量、安全进行监控
			按集团公司规定的统计和分析报表定期上报项目、资金、工程进度完成情况,统计报表具有准确性、完整性和及时性
	3.15.7	设备异动与试运行	按要求履行异动手续,资料完整
			制定试运安全技术措施和组织措施
			对有关人员进行技术交底

续表

元素	条款	控制内容	规范要求
3.15 技术改造管理	3.15.8	竣工验收及评定	项目竣工后按期提供工程竣工验收所需的资料、项目评价报告以及施工图纸、填报竣工验收报告等资料
			对改造项目进行总结
	3.15.9	“三同时”	严格执行“三同时”管理制度，对涉及安全设施、消防设施、环保设施、职业健康等内容的较大技术改造项目进行规范化管理
	3.15.10	总结与改进	定期对技术改造管理工作进行回顾，总结经验，分析存在问题，提出整改方案，持续改进
3.16 科技创新管理	3.16.1	制度与管理流程	制定相关管理制度，健全组织机构，落实管理责任
			制度内容符合国家、行业和集团公司相关要求
			制度中明确管理目标、职责分工、管理流程及管理标准，操作性强，符合企业实际情况
	3.16.2	项目选题	科技项目选题要以公司科技发展规划为依据，围绕公司中长期发展需要进行的关键技术开发项目
			科技项目选题要针对生产、建设、经营中的关键性技术难题开展的探索性试验中需技术攻关的项目
			科技项目选题要先进、成熟、适用范围较大，优先选择可取得良好效益的新技术、新工艺、新方法、新机具、新材料、新设计的成果推广和应用项目

续表

元素	条款	控制内容	规范要求
3.16 科技创新管理	3.16.3	项目申请	科技项目申请前要进行项目的可行性研究，并按集团要求填写申请材料
			科技项目申请前要对经济效益有初步估算，企业领导应对科技项目预算、保证科技项目实施的条件等提出审查意见，要对科技项目立项的必要性和可行性予以确认
			重大科技项目中需与有关单位联合的项目，要采用招投标方式择优选择实施单位
			科技项目申请前合作单位要对合作内容及保证条件等签署具体意见
			申请科技项目前对每个科技项目进行查重、查新检索
	3.16.4	过程管理	科技项目主要负责人要由在职人员担任，同时具有较高的技术水平，对研究项目涉及领域的国内外技术发展情况有较全面的了解和较强的研究与开发能力
			所有项目都明确项目负责人和参加人，制定切实可行的实施计划和进度表
			承担科技项目的技术人员按规定的工作时间投入研究工作
			科技项目承担单位需要对科技项目规定的研究目标、内容、进度、资金、负责人等进行调整时，应向审批部门提出申请
			科技项目研究结束后，按要求提出总结报告、资金使用及结算情况报告书等材料
			科技项目按期完成任务，达到规定的技术指标，资金使用合理

续表

元素	条款	控制内容	规范要求
3.16 科技创新管理	3.16.5	效果分析	对科技项目应用效果进行分析、总结
	3.16.6	科技成果、论文的评审	对推荐的科技成果、论文进行形式检查，包括奖励等级、推荐条件、推荐书应符合要求；重复和多方推荐
			推荐的科技成果、论文资料及其附件齐全和符合要求
			推荐的科技成果、论文内容和经济效益计算真实，不存在产权争议，具有查新结论
			主要完成单位、主要完成人资格及排序符合规定，不存在争议
			评审工作坚持科学、公正的原则，并实行回避制度
			科技成果、论文相关信息在奖励前在相关媒体上予以公布，公布内容包括拟授奖成果名称、奖励类别、主要完成单位名单和主要完成人名单
			科技项目选题以公司科技发展规划为依据，围绕公司中长期发展需要进行的关键技术开发项目
	3.16.7	总结与改进	定期对科技创新管理工作进行回顾，总结经验，分析存在的问题，提出整改方案，持续改进

续表

元素	条款	控制内容	规范要求
3.17 实验室管理	3.17.1	制度与管理流程	制定相关管理制度，健全组织机构，落实管理责任
			制度内容符合国家、行业和集团公司相关要求
			制度中明确管理目标、职责分工、管理流程及管理标准，操作性强，符合企业实际情况
	3.17.2	仪器设备	实验室标准器材配置要合理
			实验室标准器材说明书齐全
			实验室标准器材台账齐全
			实验室标准器材按规定定期校验
			实验室标准器材等级满足要求
	3.17.3	人员管理	实验室应按要求配置专职管理人员
			实验人员必须取得相应资格证
	3.17.4	实验报告	按照国标进行实验，记录、报告齐全、准确，实验报告及记录按要求存档
	3.17.5	总结与改进	定期对实验室管理工作进行回顾，总结经验，分析存在的问题，提出整改方案，持续改进

续表

元素	条款	控制内容	规范要求
4.1 建(构)筑物管理	4.1.1	制度与管理流程	制定相关管理制度,健全组织机构,落实管理责任制
			制度内容符合国家、行业和集团公司相关要求
			制度中明确管理目标、职责分工、管理流程及管理标准,操作性强,符合企业实际情况
	4.1.2	基础管理	建(构)筑物布局合理,满足安全生产需要
			易燃易爆设施、危险品库房与办公楼、宿舍楼等距离符合安全要求
			命名、标识、功能、管理人员
			台账
			定期对建(构)筑物、配套设施及附属于建筑物的装修装饰进行检查,发现问题及时分析处理
	4.1.3	沉降观测	对于新建或沉降不稳定的重要建(构)筑物,原则上每年进行一次沉降观测;一般安排在汛期;地震期间或建(构)筑物有异常情况时,需适当增加观测次数
			根据全部观测数据和检查记录分析各种观测值随时间的变化规律,并对建(构)筑物的安全度做出初步评价

续表

元素	条款	控制内容	规范要求
4.1 建(构)筑物管理	4.1.4	抗震监督	对新建、扩建、改建工程按规定进行抗震性能设计审查,并按审批的抗震设防标准进行设计、施工,监督实施
			对现有建(构)筑物及生命线主体工程的抗震性能进行鉴定,对不符合设防烈度的进行抗震加固
			对建筑物、构筑物及生命线主体工程进行抗震日常检查,发现缺陷及时采取措施处理
			不准任意拆动原结构,禁止切断框架斜撑,防止建筑抗震性能降低和建筑结构失稳倒坍
	4.1.5	日常检查	建(构)筑物结构完好,无异常变形和裂纹、风化、下塌现象,门窗结构完整
			建(构)筑物的化妆板、外墙装修无脱落伤人隐患,屋顶、通道等场地符合设计载荷要求
			生产厂房内外保持清洁完整,无积水、油、杂物,门口、通道、楼梯、平台等处无杂物阻塞
			防雷建(构)筑物及区域的防雷装置符合有关要求,并按规定定期检测
			对屋顶积灰、积水、积煤严重的厂房,应及时检查并组织清理
			建(构)筑物落水管通畅

续表

元素	条款	控制内容	规范要求
4.1 建(构)筑物管理	4.1.6	检修维护	应制定建(构)筑物及附属于土建设施的其他结构物(如:钢制爬梯、钢平台、避雷针、电梯井、钢制围栏、玻璃门窗等)、其他附属设施(如:行车及人行道路、雨水井、检查井、消防井、管道井、厂区围墙、铁道线路等)、与建筑物配套的给排水系统、消防系统及采暖系统的检查和维修计划,并按期实施
			在建筑结构上打孔、安装、悬挂、固定工艺设备、管道和其他设施,拆除结构构件,增加荷载,在楼板上开洞等,必须核实允许荷载,办理设备异动手续后方可实施
	4.1.7	总结与改进	定期对建(构)筑物管理工作进行回顾,总结经验,分析存在的问题,提出整改方案,持续改进
4.2 大坝管理	4.2.1	制度与管理流程	制定相关管理制度,健全组织机构,落实管理责任制
			制度内容符合国家、行业和集团公司相关要求
			制度中明确管理目标、职责分工、管理流程及管理标准,操作性强,符合企业实际情况
	4.2.2	灰场大坝监督	按要求每周对渣场、灰场进行一次巡回检查,做好大坝安全检查、监测、维修及加固工作;对已确认的病、险坝,必须立即采取补强加固措施,并制定险情预警和应急处理计划
			在灰场堤坝管理和保护范围内禁止爆破、打井、挖砂、取土、修坟、放牧等危害坝体安全的活动

续表

元素	条款	控制内容	规范要求
4.2 大坝管理	4.2.3	坝体检查	检查堤坝有无局部坍塌、裂缝、冲刷等异常情况，检查堤坝下游有无湿片、渗水、管涌等现象，发现问题应及时处理并做好记录，对较大问题应及时向有关部门汇报
			检查有无野生动物在坝体上打洞做窝，一经发现应立即封堵好
	4.2.4	排泄系统检查	检查排水设施是否完好，排水口有无杂物堵塞，排水管沟泄水是否畅通，出水是否混浊
			应定期检查竖井和斜槽的运行工况，并根据灰场的水位变化及时调整排水口，以控制灰场内的水位
			检查溢洪道是否完好，有无树枝杂物堵塞，出口及流道是否畅通
			应经常检查除灰管道有无变形、泄漏、淤堵等，所有阀门须启闭自如，放水方便，保证管道通畅排灰
			需经常调整放灰口位置，避免灰水回流冲刷坝脚，做好灰水的疏导工作，以保证坝前形成干滩
	4.2.5	防汛防灾	当发现危险情况或有地震预报时，应立即采取降低水位增大排水量等安全措施，并应及时上报有关领导和部门
			汛期前应做好防洪抢险的一切准备。汛期应加强巡视检查。暴风雨期间，值班人员应昼夜巡视，确保灰场安全度汛

续表

元素	条款	控制内容	规范要求
4.2 大坝管理	4.2.6	检修维护	土建设施的大、小修一般根据实际情况可随机组检修或于年度辅修进行。水工构筑物(水塔)应依据水塔运行规程要求编制检修计划
	4.2.7	总结与改进	定期对大坝管理工作进行回顾,总结经验,分析存在的问题,提出整改方案,持续改进
4.3 安全设施管理	4.3.1	制度与管理流程	制定相关管理制度,健全组织机构,落实管理责任制
			制度内容符合国家、行业和集团公司相关要求
			制度中明确管理目标、职责分工、管理流程及管理标准,操作性强,符合企业实际情况
	4.3.2	基础管理工作	建立安全设施台账,内容包括各场所及重点部位安装的安全设施
			安全设施(包括标志、安全警示线)的形状、颜色、图案、规格应符合行业、集团公司的相关要求
			安全设备设施应与建设项目主体工程同时设计、同时施工、同时投入生产和使用
			检修、技改项目完成后应及时恢复安全标志、安全防护设施

续表

元素	条款	控制内容	规范要求
4.3 安全设施管理	4.3.3	检查与维护	梯台的结构和材质良好，钢直梯护圈和踢脚板等防护功能齐全，符合国家安全生产要求
			楼板、升降口、吊装孔、地面闸门井、雨水井、污水井、坑池、沟等处的栏杆、盖板、护板等设施齐全，符合国家标准及现场安全要求
			因工作需拆除防护设施，必须装设临时遮拦或围栏，工作终结后，及时恢复防护设施
			机器的转动部分防护罩或其他防护设备（如栅栏）齐全、完整，露出的轴端设有护盖
			电气设备金属外壳接地装置齐全、完好
			热水井、污水井具有防人员坠落措施
			生产现场紧急疏散通道保持畅通
	4.3.4	总结与改进	定期对安全设施管理工作进行回顾，总结经验，分析存在的问题，提出整改方案，持续改进
4.4 工业卫生管理	4.4.1	制度与管理流程	制定相关管理制度，健全组织机构，落实管理责任制
			制度内容符合国家、行业和集团公司相关要求
			制度中明确管理目标、职责分工、管理流程及管理标准，操作性强，符合企业实际情况

续表

元素	条款	控制内容	规范要求
4.4 工业卫生管理	4.4.2	设计与布局	企业选址符合《工业企业设计卫生标准》的要求，宜避开自然疫源地，避开可能产生或存在危害健康的场所和设施
			厂区总平面布置应区分生产区、非生产区、辅助生产区，分期建设项目宜一次整体规划
			厂房建筑方位应能使室内有良好的自然通风和自然采光
			产生或可能存在毒物或酸碱等强腐蚀性物质的工作场所应设冲洗设施，工作场所墙壁、顶棚和地面等内部结构和表面符合规程要求
			贮存酸、碱及高危液体物质贮罐区周围应设置泄险沟（堰）
			含有挥发性气体、蒸气的各类管道不宜从仪表控制室和劳动者经常停留或通过的辅助用室的空中和地下通过
			经常有人来往的通道（地道、通廊），应有自然通风或机械通风，并不宜敷设有毒液体或有毒气体的管道
			工艺流程的设计宜使操作人员远离热源，同时根据其具体条件采取必要的隔热、通风、降温等措施
			工业建筑采暖的设置、采暖方式的选择应按照标准要求，采用技术可行、经济合理的原则确定

续表

元素	条款	控制内容	规范要求
4.4 工业卫生管理	4.4.2	设计与布局	采用先进的工艺流程控制和降低粉尘、毒物、噪声、振动和辐射，工程控制措施达不到要求的，采取适宜的个人防护措施
			噪声与振动较大的生产设备宜安装在单层厂房内
	4.4.3	检查与维护	高温管道、容器等设备保温齐全、完整，表面温度符合要求
			生产厂房取暖用热源有专人管理，设备及运行压力符合规定
			生产厂房内的暖气(包括局部加热器等)布置合理，效果明显
			人员值班或长期停留场所温度、湿度满足要求
			仪表间、保护室、电子间等场所温度、湿度应满足要求
			蓄电池室、柴油发电机室温度、湿度满足要求
			各处空调(包括集中空调)运行正常，无缺陷
			各项防寒、防冻、防暑、防高温措施落实到位
			人员值班场所和主要通道微小气候合格，无异味，噪声控制在合理范围内
			涉及工业卫生的缺陷能及时消除
	4.4.4	总结与改进	定期对工业卫生管理工作进行回顾，总结经验，分析存在的问题，提出整改方案，持续改进

续表

元素	条款	控制内容	规范要求
4.5 照明管理	4.5.1	制度与管理流程	制定相关管理制度,健全组织机构,落实管理责任制
			制度内容符合国家、行业和集团公司相关要求
			制度中明确管理目标、职责分工、管理流程及管理标准,操作性强,符合企业实际情况
	4.5.2	检查与维护	生产厂房内外工作场所(包括风电场机舱、塔筒等)常用照明应保证足够亮度,仪表盘、楼梯、通道以及机械转动部分和高温表面等地方光亮充足
			控制室、电子间、厂房、母线室、开关室、升压站及卸煤机、翻车机房、油区、楼梯、通道等场所事故照明配置合理,自动投入安全可靠
			常用照明与事故照明定期切换并有记录
			应急照明齐全,符合相关规定
	4.5.3	总结与改进	定期对照明管理工作进行回顾,总结经验,分析存在的问题,提出整改方案,持续改进
4.6 标识标牌管理	4.6.1	制度与管理流程	制定相关管理制度,健全组织机构,落实管理责任制
			制度内容符合国家、行业和集团公司相关要求
			制度中明确管理目标、职责分工、管理流程及管理标准,操作性强,符合企业实际情况

续表

元素	条款	控制内容	规范要求
4.6 标识标牌管理	4.6.2	色标、流向	按集团公司统一规定的颜色标识所有管线或色环，并附有流向指示。工作区域颜色应按照集团公司《发电企业安全设施配置规范手册》使用统一规定的颜色标识
			在加装保温的管道和不可能对整条管道进行标记的弯头、穿墙处、分接点及需要观察处的位置必须涂刷介质名称，标识介质性质的色标和介质流向的箭头，较长管道应每间隔 9 m 进行一次标识
			工业管路按所输送介质的类别涂以规定的颜色，并标明介质名称与流向
			所有的机械的颜色标记与规范必须一致，所有的电气开关的颜色标记与规范必须一致，所有的紧急停止按扭/跳闸线路应使用统一“红色”标记
			防护设施、防护装置涂以颜色及不同色的转向标记
			所有的低矮通道、建筑物、窄转角位、落级位等，应使用黄黑相间的斜线作标记
	4.6.3	设备标牌	成台或成套设备铭牌应完好、清晰
			规范制作、装设统一的阀门标牌
			设备控制按钮、把手、开关均应配置设备命名和状态标牌；操作手轮装设转向标志；一次和二次电缆应在电缆终端头装设标志牌，并标明电缆编号、电缆型号、起点和终点

续表

元素	条款	控制内容	规范要求
4.6 标识标牌管理	4.6.3	设备标牌	现场所有检修电源盘、控制柜、保护柜、照明盘、端子箱等及盘内元件、接线端子、插座均应装设命名标志牌，如卡件、继电器、电源开关等无法安装标志牌的地方可用标签打字机打印规格一致的标签粘贴
			开关站、开关室、高压室、控制室等生产场所的出入口门均应设区域标志牌
			就地设备编号和图纸编号应一致
	4.6.4	安全标志牌	按照集团公司《发电企业安全设施配置规范手册》中“安全标志设置原则”和“安全设施配置规范”进行配置
			安全标志应设在与安全有关的醒目位置，环境信息标志应设在有关场所的入口处和醒目位置；局部信息标志要设在所涉及的相应危险地点或设备（部件）附近的醒目处
			安全标志或标记的图形、颜色正确，所表示的含义明确
			危险物品按类别在其包装的明显位置，标注名称和不易脱落的法定标志
			相关场所应按规定在醒目位置设置职业健康危害告知牌，职业健康危害告知牌内应包含职业危害种类、后果、预防措施和应急救助措施等内容
			辨识企业重大危险源，并配置重大危险源标志牌，包括危险源名称、危害物质及数量、存储部位、可能导致的事故，以及预防控制措施等内容
			配置足够的道路交通安全标志

续表

元素	条款	控制内容	规范要求
4.6 标志标牌管理	4.6.5	地面及通道划线	地下设施入口盖板上、灭火器存放处、应急通道出入口等，应标有禁止阻塞线
			厂内道路限速区域入口处和弯道、交叉路口处，应标有减速提示线
			厂房通道边缘应用黄划线
			发电机组、落地安装的转动机械周围及控制台、配电盘前，应标有安全警戒线
			平台与下行楼梯连接的边缘处，应标有防止踏空线
			人行通道高度不足 2 m 的障碍物上，要标有防止碰头线
			人行通道地面上管线或其他障碍物上应标有防止绊跤线
			划定界限以分隔存储区域和通道区域
			应明确划分行人通道和机动车道
	4.6.6	总结与改进	定期对安全标识管理工作进行回顾，总结经验，分析存在的问题，提出整改方案，持续改进
4.7 电源箱及临时电源	4.7.1	制度与管理流程	制定相关管理制度，健全组织机构，落实管理责任制
			制度内容符合国家、行业和集团公司相关要求
			制度中明确管理目标、职责分工、管理流程及管理标准，操作性强，符合企业实际情况

续表

元素	条款	控制内容	规范要求
4.7 电源箱及临时电源	4.7.2	检查与维护	电源箱箱体接地良好，接地线应选用足够截面的多股线，箱门完好，开关外壳、消弧罩齐全，引入、引出电缆孔洞封堵严密，室外电源箱防雨设施良好
			动力、照明配电箱符合安全要求
			现场电气设备接地接零保护有具体规定，接地接零保护装置可靠
			临时电源的使用管理规范
			检修电源及生活用电回路装设合格的漏电保护装置；漏电保护装置建立相关管理制度、清册；漏电保护装置使用、管理符合规定
			电源箱导线敷设符合规定，采用下进下出接线方式，内部器件安装及配线工艺符合安全要求，漏电保护装置配置合理、动作可靠，各路配线负荷标志清晰，熔丝(片)容量符合规程要求，无铜丝等其他物质代替熔丝现象
			电源箱保护接地、接零系统连接正确、牢固可靠，符合安全要求。插座相线、中性线布置符合规定，接线端子标志清楚
			临时用电电源线路敷设符合规程要求，不得在有爆炸和火灾危险场所架设临时线，不得将导线缠绕在护栏、管道及脚手架上或不加绝缘子捆绑在护栏、管道及脚手架上
			临时用电导线架空高度满足要求：室内大于 2.5 m、室外大于 4 m、跨越道路大于 6 m(指最大弧垂)；原则上不允许地面敷设，若采取地面敷设时应采取可靠、有效的防护措施

续表

元素	条款	控制内容	规范要求
4.7 电源箱及临时电源	4.7.2	检查与维护	临时线不得接在刀闸或开关上口，使用的插头、开关、保护设备等符合要求
			电源箱和临时电源的接线应符合“三相五线制”的要求
	4.7.3	总结与改进	定期对电源箱及临时电源管理工作进行回顾，总结经验，分析存在的问题，提出整改方案，持续改进
4.8 有限空间作业管理	4.8.1	制度与管理流程	制定相关管理制度，健全组织机构，落实管理责任制
			制度内容符合国家、行业和集团公司相关要求
			制度中明确管理目标、职责分工、管理流程及管理标准，操作性强，符合企业实际情况
	4.8.2	培训与工作许可	有限空间作业严格实行作业审批制度，要有专人监护，严禁擅自进入有限空间作业
			必须对作业人员进行安全培训，严禁教育培训不合格上岗作业
	4.8.3	安全措施	必须做到“先通风，再检测，后作业”，符合安全要求方可进入，严禁通风、检测不合格作业
			在金属容器内工作必须使用符合安全电压要求的照明及电气工具，装设符合要求的漏电保护器。漏电保护器、电源连接器和控制箱等应放在容器外面

续表

元素	条款	控制内容	规范要求
4.8 有限空间作业管理	4.8.3	安全措施	必须配备个人防中毒、窒息等防护装备，设置安全警示标志，严禁无防护监护措施作业
			进行焊接工作必须设有防止金属熔渣飞溅、掉落引起火灾的措施以及防止烫伤、触电、爆炸等措施
			必须制定并落实防火、防窒息及逃生等措施
	4.8.4	应急管理	现场配备应急装备，严禁盲目施救
	4.8.5	总结与改进	定期对有限空间作业管理工作进行回顾，总结经验，分析存在的问题，提出整改方案，持续改进
4.9 现场准入管理	4.9.1	管理制度	制定相关管理制度，健全组织机构，落实管理责任制
			制度内容符合国家、行业和集团公司相关要求
			制度中明确管理目标、职责分工、管理流程及管理标准，操作性强，符合企业实际情况
	4.9.2	知识培训	企业正式员工，要按照三级安全技术教育培训和岗位工作标准开展针对性培训考试工作
			企业正式员工以外的人员（包括保洁人员），必须经过安全教育培训，涉及运行、检修工作的人员，还要经过运行、检修规程培训，并考试合格，才能按工作需求进入相关场所
			临时进入工作场所的外来人员，要进行技术交底

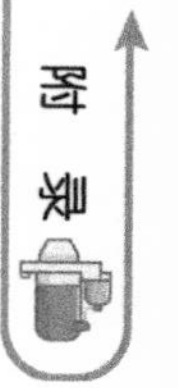

续表

元素	条款	控制内容	规范要求
4.9 现场准入管理	4.9.3	准入管理	本企业正式员工，要根据岗位职责、专业能力，明确各岗位、各工种人员的活动范围；涉及工程师站、电子间、保护室、计算机室、控制室、开关站等电气设备、危险品库、氢站、油区、实验室、建(构)筑物类的受限空间、档案室等重点场所，要进行准入管理
			非本企业正式员工，要经相关部门同意，并明确工作岗位及可以进入的生产区域，实施定点作业，指定通行道路
			外单位的车辆、大型机具的进出管理应纳入准入管理制度内
			高压试验、汽轮发电机组解体、容器与管道类的受限空间、射线探伤等阶段性工作场所，要提前公布准入人员名单和准入期限，并张贴在作业场所警戒入口处
			电气高压试验等禁止无关人员进入的现场应装设遮拦或围栏，设醒目安全警示牌
			被清除或不再继续在本企业工作的人员，不得再进入生产区域；工作任务与工作区域改变的人员，需重新办理审批授权准入手续
	4.9.4	设施维护	生产现场各个区域做到准入标志齐全、醒目；设立隔离、警戒、门禁的场所，始终保持防护设施完备可靠
	4.9.5	许可登记	进入工程师站、电子间、保护室、计算机室、控制室、开关站等电气设备、危险品库、氢站、油区、实验室、建(构)筑物类的受限空间、档案室等重要场所的人员，必须执行许可登记

续表

元素	条款	控制内容	规范要求
4.9 现场准入管理	4.9.6	检查与考核	值班人员(或安保人员,或其他有责任进行准入管理检查的人员)要检查进入现场人员准入证件佩戴情况,准入证类别和区域符合规定,按照企业制度进行考核
	4.9.7	总结与改进	定期对现场准入管理工作进行回顾,总结经验,分析存在的问题,提出整改方案,持续改进
4.10 文明生产管理	4.10.1	制度与管理流程	制定相关管理制度,健全组织机构,落实管理责任制
			制度内容符合国家、行业和集团公司相关要求
			制度中明确管理目标、职责分工、管理流程及管理标准,操作性强,符合企业实际情况
	4.10.2	组织管理与机制	确定现场安全文明生产标准化建设方针
			企业应对所有安全文明生产缺陷进行识别、发现和评估,并根据评估情况,明确不同治理等级及消除或控制处理对策
			建立并完善基础性管理台账
			企业应制定、实施一个或多个用于实现其安全文明生产标准化建设目标和指标的管理方案
	4.10.3	控制室	所有控制室及生产、办公场所结合实际设置统一的定置图,定置图统一张贴在醒目位置,各类物品按照定置图布置规范放置

续表

元素	条款	控制内容	规范要求
4.10 文明生产管理	4.10.3	控制室	运行工器具、钥匙存放、安全标示牌等应分类存放在控制室指定柜子或区域内，并标识清晰、一一对应
			运行各种值班记录本齐全，保存完整，记录齐全清晰，无破损、污迹、缺页，规范放置
			个人橱柜明确标识班组、姓名，内部整洁，不存放与工作无关的物品
			控制室、交接班室、休息室桌椅、饮水机等完好，无破损、污迹，垃圾桶及时清理
			室内美化苗木等辅助设施管理良好，无枯死、落叶
	4.10.4	办公及生产场所	建筑物或区域外醒目位置张贴（悬挂）区域功能标示牌
			综合办公楼及各生产车间门厅设置楼层指示导引标识，明确各部门（班组）楼层及位置
			办公室门口张贴（悬挂）房间号码和部门岗位名称
			班组各类上墙图表看板整洁美观，定置悬挂，内容及时更新，符合工作实际
			更衣室储柜干净整洁，明确标识班组、姓名，内部整洁，不存放与工作无关的物品
			班组环境清洁，窗明几净，班组门窗、沙发、桌椅完好，无破损、污迹，墙壁无污迹、蜘蛛网，无烟头、卫生死角等

续表

元素	条款	控制内容	规范要求
4.10 文明生产管理	4.10.4	办公及生产场所	班组检修工具、材料及备品备件定置管理，分类存放、标识清晰
			检修区域电源箱、电缆配置规范；气瓶名称、色标规范清晰，手轮及保护罩、阻火器、防振胶圈等完整、齐全，气管表面无油渍、损伤、老化开裂，规范布置
			检修用油脂类易燃易爆物品容器密封严密，并放置在指定安全区域
	4.10.5	物品存放	所有的堆放只限在指定区域内进行，货架间、物堆间的通道无阻塞现象
			堆放联结成一体以防货物倾斜，下部的物品要能承受上部物品的重量
			货(料)架坚固，足以支撑储存物品的重量，有承重标示，无不稳固或危险的堆放
			危险化学品按标准进行存储，易燃材料不应摆放在离热源近的地方，并隔离存放
			摆放不应影响喷淋头或防火探测器的有效操作(至少 1 m 的间隙)
	4.10.6	临时堆放	物品的临时堆放应有审批程序
			主厂房内、锅炉房及其他生产车间内一般不堆放备件、材料。确需堆放时应按指定地点堆放整齐，并有保护措施及有时间限定
			主要通道和消防、应急通道不得有阻碍

续表

元素	条款	控制内容	规范要求
4.10 文明生产管理	4.10.7	检修现场标准化	明确项目文明生产负责人
			设备运行区域和检修区域使用规定的设施隔离，标志明显；隔离栏杆不准随意移动，无破损、倾斜、歪倒
			检修区域内地面(包括受影响的墙面、设备等)应敷设橡胶垫或采取其他防撞、防尘等可靠防护设施
			工器具分类放置在指定箱柜、料架或区域内，摆放整齐
			起重手拉葫芦及钢丝绳等宜设置专用挂架，不得随地叠放
			焊机应指定可靠地点规范放置，并采取必要的防尘、防雨、防火等安全措施。焊接线不用时应及时收拢，规范、整齐放置
			材料、零部件、备品配件按照工艺、定置图对应摆放、不直接落地
			临时增设的电源箱应放置在指定位置，固定牢固，不得倾斜、歪倒
			氧气、乙炔等气瓶定置放置，垂直并固定牢靠、安全距离符合要求，大量使用时应设置集中供气地点
			检修区域内设置专门的废弃物地点，分类存放、收集并按规定程序处置
	4.10.8	设备泄漏治理	对噪声、煤尘、粉尘等进行有效监测与控制
			对灰、煤、烟、风、油、水、汽、气等渗漏点及时进行评估并制定治理方案
	4.10.9	总结与改进	定期对文明生产管理工作进行回顾，总结经验，分析存在的问题，提出整改方案，持续改进

续表

元素	条款	控制内容	规范要求
4.11 职业健康管理	4.11.1	制度与管理流程	制定相关管理制度，健全组织机构，落实管理责任制
			制度内容符合国家、行业和集团公司相关要求
			制度中明确管理目标、职责分工、管理流程及管理标准，操作性强，符合企业实际情况
	4.11.2	组织机构与职责	建立完善职业病防治组织机构，配备专职或兼职的职业卫生专业人员，每年对组织机构的调整进行公布
			制定职业病防治计划和实施方案
			建立与所在地卫生部门应急救援沟通机制
	4.11.3	“三同时”	新建、扩建、改建建设项目和技术改造、技术引进项目可能产生职业病危害的，在可行性论证阶段应向卫生行政部门提交职业病危害预评价报告
			严格执行要求，劳动安全和工业卫生设施与主体工程同时设计、同时审批、同时竣工、同时验收
	4.11.4	危害信息告示	将生产过程存在的职业危害因素向相关员工进行告知，并宣传培训相关职业安全健康知识
			产生严重职业病危害的作业场所或区域，设置醒目警示标识和警示说明；警示说明应当载明产生职业病危害的种类、后果、预防以及应急救治措施等内容

续表

元素	条款	控制内容	规范要求
4.11 职业健康管理	4.11.5	现场监测	开展对工作场所职业病危害因素监测及评价工作
			对监测设备应进行定期校验
			对作业场所发现的问题进行治理
			依据作业场所监测及评价结果，制定防控措施并实施
	4.11.6	职业健康监护	对从事接触职业病危害的员工，按国家相关规定组织上岗前、在岗期间和离岗时的职业健康检查
			建立职业健康档案和员工健康监护档案，并按规定妥善保存
			对体检结果应进行统计分析，确定人员健康状况变化趋势，并提出相应的控制措施
			制定员工健康康复政策，为患病或永久性药物治疗员工提供政策帮助和指引
	4.11.7	PPE 配置与管理	职业劳动防护设备设施费用投入充足，符合相关规定要求
			定期对职业劳动防护设备设施进行检查与维护
			依据相关发放标准发放员工职业劳动防护用品，种类和数量符合劳动作业环境要求
			作业现场员工正确使用劳动防护用品

续表

元素	条款	控制内容	规范要求
4.11 职业健康管理	4.11.7	PPE 配置与管理	生产现场配置急救设施和药品，并定期对其进行检查与补充
			生产现场张贴标示急救设施位置与急救员名单，急救员接受健康与急救知识培训，并持有急救合格证
	4.11.8	应急管理	发生或者可能发生急性职业病危害事故时，应立即采取应急救援和控制措施
	4.11.9	职业危害申报	从事可能发生依法公布的职业病目录所列职业病的危害项目时及时、如实向相关部门申报，接受监督
	4.11.10	总结与改进	定期对职业健康管理工作进行回顾，总结经验，分析存在的问题，提出整改方案，持续改进
4.12 治安保卫管理	4.12.1	制度与管理流程	制定相关管理制度，健全组织机构，落实管理责任制
			制度内容符合国家、行业和集团公司相关要求
			制度中明确管理目标、职责分工、管理流程及管理标准，操作性强，符合企业实际情况
	4.12.2	管理要求	经常进行治安防范宣传教育，让企业职工了解内部保安管理制度相关内容
			企业要害部位工作人员符合本岗位对人员的各项要求
			对重要场所分区管理，严格重要生产现场准入制度

续表

元素	条款	控制内容	规范要求
4.12 治安保卫管理	4.12.2	管理要求	存放贵重物品、现金等的房间及柜箱应牢靠，门窗防护设置应齐全，并安装监控设施
			剧毒品实施双人双锁保管，账物分人管理
			及时排查、整治治安隐患，建立检查和治安隐患整改记录
			检修现场所用材料应集中存放
			检修更换下的设备、材料应及时清走
			对进入本企业的人员、车辆检查证件严格把关，并对出厂的物品确认登记
	4.12.3	保护措施	加强电力设施人防管理，在相关电力设施、生产场所周边设置固定、流动岗位，对人、车进行检查
			加强电力设施物防、技防管理，对重要电力生产场所防护体应按需要配置、更新安保器材和防爆装置，并及时加强、修缮；在重要电缆设施内部及周界安装视频监控、高压脉冲电网、远红外报警系统
			永久保护区应建立台账，并设置明显警示标志
			加强安保器材、防爆装置的配置、使用和维护管理
	4.12.4	保卫方式	加强企业自防，组织企业有关人员、安全保卫人员在本单位辖区内现场值守和巡视检查

续表

元素	条款	控制内容	规范要求
4.12 治安保卫管理	4.12.4	保卫方式	完善专群联防，在相关电力设施、生产场所采用本单位专业安保人员和当地群众进行现场值守和巡视检查
			建立警企联防，对重要电力设施和生产场所采用公安(武警)人员与本单位安全保卫人员联合站岗执勤的举措
	4.12.5	治安事件管理	制定防恐防爆和防外力破坏应急预案
			进行治安防范巡逻检查，及时发现和处理(处置)相关事件
			严重违反内部治安保卫管理有关规定，给企业造成损失或给职工造成人身伤害的，企业应给予必要批评或者处罚，涉嫌违法犯罪的，移交司法机关处理
			在发生重要电力设施遭受破坏或重大治安案件时，企业应及时进行处置，并向公安机关、当地电力监管机构及上级单位报告
	4.12.6	总结与改进	定期对治安保卫管理工作进行回顾，总结经验，分析存在的问题，提出整改方案，持续改进
4.13 消防管理	4.13.1	制度与管理流程	制定相关管理制度，健全组织机构，落实管理责任制
			制度内容符合国家、行业和集团公司相关要求
			制度中明确管理目标、职责分工、管理流程及管理标准，操作性强，符合企业实际情况

续表

元素	条款	控制内容	规范要求
4.13 消防管理	4.13.2	基础工作	建立消防安全组织机构,建立厂(公司)、车间(风场、部门、外委项目部等)、班组三级消防安全网络,建立会议制度,并定期召开
			企业消防管理组织机构人员,按职责范围定期对消防设备设施进行检查维护
			根据《中华人民共和国消防法》规定,建立专职消防队的企业必须成立专职消防队承担本企业的火灾扑救工作
			建立并严格执行动火作业制度时,严格按规定落实监护责任,办理许可手续,明确采取防火、灭火措施
			各区域配备必要的消防设备,并建立消防设备设施台账,定期进行检查和试验,保证合格
			各种资料、记录齐全
	4.13.3	宣传、培训	新员工上岗前,必须进行消防安全培训,并考试合格
			企业应定期组织员工消防安全宣传、培训,全体员工都做到"四懂""四会"
			企业领导人及消防有关管理人员应经过消防专项培训
	4.13.4	消防"三同时"	建设单位必须将建筑工程的消防设计图纸及有关资料报送公安消防机构审核,并将审核批复报建设单位消防保卫部门备案

续表

元素	条款	控制内容	规范要求
4.13 消防管理	4.13.4	消防“三同时”	不得在施工中擅自改变消防设计，如需更改，必须履行相关审批手续
			所采用的消防设施（设备、器材）必须经过公安消防机构验收；建筑构件和建筑材料的防火性能必须符合国家标准或行业标准
			工程竣工时，必须经公安消防机构进行消防验收
	4.13.5	设备设施管理	存放易燃、易爆物品的库房、建筑设施防火等级必须符合安全要求，防雷系统符合要求
			易燃、易爆物品的管理（包括领取、使用、存放地点、数量、责任人等相关内容）应符合标准要求
			电缆和电缆构筑物安全可靠，电缆隧道、电缆沟排水设施完好，电缆堵漏及照明符合要求，电缆主隧道及架空电缆主通道分段阻燃措施符合要求，特别重要电缆应采取耐火隔离措施或更换阻燃电缆。重要电缆夹层、竖井、沟等区域应配备电缆监控装置以及防火门（墙）等设施
			现场电缆敷设符合安全要求，操作直流、主保护、直流油泵等重要电缆采取分槽盒、分层、分沟敷设及阻燃等特殊防火措施
			高压气瓶的运输及现场的使用、存放符合有关标准的规定
			消防泵的电源系统合理布置，且具有自启动和远方启动功能，火灾报警及自动灭火、隔离系统正常并投入运行

续表

元素	条款	控制内容	规范要求
4.13 消防管理	4.13.6	重点防火部位管理	燃料油罐区、控制室、调度室、通信机房、计算机房、档案室、锅炉燃油及制粉系统、脱硫系统、脱硝系统、汽轮机油系统、氢气系统及制氢站、变压器、电缆间及隧道、蓄电池室、易燃易爆物品存放场所以及企业认定的其他重点防火部位和场所都列为重点防火部位
			重点防火部位或场所必须建立岗位防火责任制、消防安全管理制度和落实消防措施，配置消防器材，制定并配备现场专项处置方案
			重点防火部位或场所必须要有明显标志，并在指定的地方悬挂特定的牌子
			蓄电池室、油罐室、油处理室等防火、防爆重点场所的照明、通风设备必须采用防爆型，并配备防爆工具
	4.13.7	检查维护	每年对灭火器进行一次检验
			每周对消防水龙带和水枪检查一次，每季对常规消防器材进行一次全面检查，及时补充和更换
			定期对柴油应急消防泵系统或备用泵进行检查(测绝缘、查油位、查蓄电池)，并进行启动试验
			定期对消防水系统、火灾自动报警、消防联动控制系统、气体灭火系统、泡沫灭火系统、自动喷水灭火系统、火灾应急照明和疏散指示标志系统、消防通讯设备及应急广播系统、消防防烟排烟系统、防火门和防火分隔设施等设备系统进行试验

续表

元素	条款	控制内容	规范要求
4.13 消防管理	4.13.7	检查维护	定期检查电缆桥架、油箱、氢罐、主变等设备上的感温电缆，保证其处于良好的探测状态；定期抽测探测器、感温电缆、手报按钮、压力开关做模拟试验
			定期对应急通道进行现场检查，保证通道畅通
	4.13.8	应急管理	消防应急管理体系完整，明确机构、责任、联系方式，建立与政府、外部救援队伍的沟通机制
			应急预案全面，并及时修订，满足实际需要
			按规定周期组织培训演练，提高员工应急能力，记录完整
	4.13.9	总结与改进	定期对消防管理工作进行回顾，总结经验，分析存在的问题，提出整改方案，持续改进
4.14 交通安全管理	4.14.1	制度与管理流程	制定相关管理制度，健全组织机构，落实管理责任制
			制度内容符合国家、行业和集团公司相关要求
			制度中明确管理目标、职责分工、管理流程及管理标准，操作性强，符合企业实际情况
	4.14.2	基础工作	建立交通安全管理网络，建立会议制度，明确会议内容，形成会议记录
			根据生产交通安全需要，完善厂区交通安全设施

续表

元素	条款	控制内容	规范要求
4.14 交通安全管理	4.14.2	基础工作	按规定可以进入现场或生产区域的外来车辆、大型机具的交通必须遵守企业交通管理制度，并按固定路线行驶
			合理规划厂区运煤、灰、油、气瓶、酸、碱、特殊物质等车辆线路，完善车辆运输方案
			合理规划并维护风场巡检道路
			厂区主干道、路口、转弯处应设限速标志；管架桥等需要有限高处设置限高标志；需限制重量的路段应设置限重标志；转弯处如视线不清，设置有凸面镜；路基、边坡按要求设置
			制定通勤车辆（大客车）遇山区滑坡、泥石流、冰雪、铁路道口等特殊情况的应对措施
			危化品运输车辆必须按规定的时间、路线、速度行驶，悬挂警示标志并采取必要的安全措施
	4.14.3	机动车	建立完备的机动车技术档案，其主要内容包括：机动车各项技术参数，机动车类型牌号，出厂时间，发动机底盘编号，保养更换主要部配件记录，年审年检，肇事记录，历年行驶里程，更换驾驶人登记，随车工具附件等
			机动车的维修、保养要按专业技术规范执行，吊车、斗臂车、叉车等的起重机械部分符合起重作业安全要求

续表

元素	条款	控制内容	规范要求
4.14 交通安全管理	4.14.3	机动车	机动车要按照国家规定按期报废，不得使用已经报废的车辆
			加强对企业内的船舶交通安全管理，按照《中华人民共和国内河交通安全管理条例》的有关要求，定期接受船舶检验部门的检验及船舶管理部门的统一管理
	4.14.4	机动车驾驶员	建立健全机动车驾驶人的安全技术档案，其内容包括：交通安全教育，技术技能培训，安规考试，年检年审情况和驾驶员基本情况，历年安全行驶里程，驾驶简历及变换驾驶的车型、种类，违章、肇事、奖罚记录等
			机动车辆驾驶人必须符合《中华人民共和国道路交通安全法》和《中华人民共和国道路交通安全法实施条例》中规定的有关条件，方可驾驶本单位与准驾车型相符的车辆
			机动车驾驶人必须服从本单位交通安全管理，积极参加安全学习、安规考试、年检年审、技术培训等各项活动
			定期组织机动车专职驾驶人的交通安全学习，及时传达各级政府、集团公司及本单位有关安全方面的文件精神、事故通报，学习交通安全的有关法规，进行典型交通事故案例的讨论和分析，吸取教训，提出防范措施
			机动车驾驶人遵守道路交通安全法律、法规，按照操作规范安全驾驶、文明驾驶。严禁酒后驾车、无证驾车、疲劳驾驶、抢超抢会、超速行驶、超载行驶、人货混载
			船舶航行、停泊和避让要严格遵守《中华人民共和国内河避碰规则》(交通部第 30 号令)的具体要求，确保航行安全

续表

元素	条款	控制内容	规范要求
4.14 交通安全管理	4.14.5	检查与考核	各级领导及交通安全管理人员经常性地对交通安全情况进行检查，及时发现问题，兑现考核
	4.14.6	事故处理与报告	交通事故的统计、报告除按照国务院、公安部和所在地人民政府的有关规定和标准执行外，应及时向分公司(子公司)、集团公司安全生产部汇报。对隐瞒事故者，按照有关规定进行处罚
			发生交通事故后，驾驶人或随车人员应设法抢救伤者，保护好现场，并立即报告当地交警部门和本单位有关领导，及时通知保险公司，以便及时赶赴现场勘察、调查、处理
			发生重大及以上的交通事故，事故单位应在 8 小时内向分公司(或子公司)、集团公司安全生产部汇报，其他类别事故，在 24 小时内汇报。汇报内容和格式符合集团公司要求
			事故全部处理完毕后，按照“四不放过”的原则，将事故的处理结果、整改及防范措施和交警部门的裁决、调解书复印件等进行书面汇报
	4.14.7	总结与改进	定期对交通安全管理工作进行回顾，总结经验，分析存在的问题，提出整改方案，持续改进